Informatik-Fachberichte 246

Herausgeber: W. Brauer
im Auftrag der Gesellschaft für Informatik (GI)

Thomas Bräunl

Massiv parallele Programmierung mit dem Parallaxis-Modell

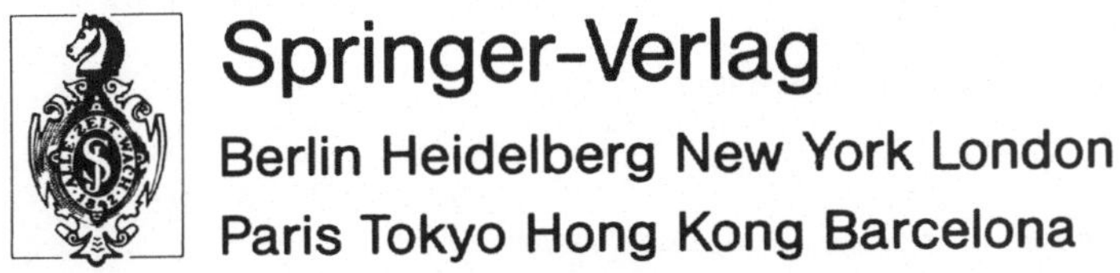

Springer-Verlag

Berlin Heidelberg New York London
Paris Tokyo Hong Kong Barcelona

Autor

Thomas Bräunl
Universität Stuttgart, Institut für Informatik
Azenbergstr. 12, D-7000 Stuttgart 1

CR Subject Classification (1987): D.1.3, D.3.3, C.1.2, C.2.1

ISBN-13:978-3-540-52853-1   e-ISBN-13:978-3-642-84245-0
DOI: 10.1007/978-3-642-84245-0

CIP-Titelaufnahme der Deutschen Bibliothek

2145/3140-543210 – Gedruckt auf säurefreiem Papier

Vorwort

Die vorliegende Arbeit entstand während meiner Zeit als wissenschaftlicher Mitarbeiter der Universität Stuttgart am Lehrstuhl für Programmiersprachen und ihre Übersetzer, bei Herrn Prof. Dr. Gerhard Barth (inzwischen Leiter des Deutschen Forschungszentrums für Künstliche Intelligenz in Kaiserslautern, DFKI), sowie während meines fast zweijährigen Aufenthalts in den USA, an der University of Southern California, Los Angeles, der durch ein Stipendium der Fulbright-Kommission ermöglicht wurde.

Dieses Buch gliedert sich in fünfzehn Kapitel und einen Anhang. Nach der Einleitung und der Definition der Anforderungen an das parallele Modell in Kapitel 1 und 2 werden in Kapitel 3 einige grundlegende Konzepte der parallelen Programmierung dargestellt. Hier wird sowohl auf Rechnerarchitekturen als auch auf parallele Operationen und deren Realisierungen durch bekannte Konstrukte zur Parallelverarbeitung und Synchronisation eingegangen.

In Kapitel 4 werden die wichtigsten Punkte des hier vorgestellten parallelen Modells knapp dargestellt. Die Kernpunkte sind die Spezifikation der Netzwerkstruktur sowie die Konstrukte zur parallelen Ausführung und zum parallelen Datenaustausch zwischen Prozessoren.

Kapitel 5 ist der Spezifikation der Rechnerarchitektur gewidmet. Nach der Beschreibung des verwendeten SIMD-Maschinenmodells wird eine funktionale Syntax vorgestellt, mit der jede beliebige Verbindungsstruktur definiert werden kann. Im Anschluß an zwei Erweiterungen der Spezifikations-Konstrukte werden typische Verbindungsstrukturen mit ihren Spezifikationen in dieser Syntax dargestellt. Die Behandlung möglicher Fehlerquellen in einer Netzwerk-Spezifikation und ihre Erkennung während der Übersetzung sowie eine Diskussion mächtigerer Spezifikations-Konstrukte beenden das Kapitel.

Die in den beiden Kapiteln 6 und 7 eingeführten Sprachelemente zur parallelen/vektorisierten Ausführung von Anweisungen, zur Selektion von Prozessor-Gruppen und zum parallelen Datenaustausch zwischen Prozessoren bauen auf der zuvor definierten Struktur des Verbindungsnetzwerkes auf. Wichtig sind auch die Operationen zur Datenreduktion und für den Datentransfer zwischen zentralem Steuerrechner und parallelen Einheiten, da diese die Verbindung der parallelen Prozessoren zu den Ein-/Ausgabemedien realisieren.

Kapitel 8 gibt eine formale Definition der parallelen Sprachkonzepte aus den Kapiteln 5 und 6. Durch eine denotationale Semantik wird die Wirkung jedes Sprachkonstruktes eindeutig festgelegt. Beweisregeln werden vom sequentiellen auf den parallelen Fall übertragen und können zum Korrektheitsbeweis paralleler Programme verwendet werden. Für einige beispielhafte Programmfragmente werden mit Hilfe dieser Regeln die parallelen Vorbedingungen bestimmt.

Die Lokalität von Variablen, insbesondere die Zweiteilung in skalare Variablen des Steuerrechners und Vektoren, die komponentenweise in lokalen Speichern der parallelen Prozessoren abgelegt sind, bildet einen Schwerpunkt von Kapitel 9. Darüber hinaus wird eine erweiterte Typtheorie mit einem zur Übersetzungszeit überprüfbaren Einheitensystem vorgestellt. Neben vordefinierten Einheiten besteht auch die Möglichkeit, ein beliebiges Einheiten-system in der Sprache selbst zu definieren.

Die derzeitige Implementierung des parallelen Modells mit der Sprache *Parallaxis* wird in Kapitel 10 vorgestellt. Nach einer maschinen-unabhängigen Übersetzung in eine Zwischen-sprache kann in einem zweiten Schritt maschinen-spezifischer Code generiert werden, oder ein Simulator übernimmt die Programmausführung. Zwischensprache, Compiler, Simulator und graphische Werkzeuge sind im Detail beschrieben.

Kapitel 11 und 12 beschreiben Anwendungen von Parallaxis. Neben der systolischen Programmierung mit dem Beispiel einer parallelen Matrix-Multiplikation werden Lösungs-ansätze für Probleme auf den Gebieten der Computer-Graphik, Bilderkennung, Neuronalen Netze und Robotik beschrieben.

Der Einsatz von Parallaxis in einem Parallelrechner-System wird in Kapitel 13 disku-tiert, während sich Kapitel 10 auf einen Simulator beschränkt. Es werden theoretische Über-legungen zu Leistungswerten und möglichem Parallelitätsgewinn angestellt.

Anschließend, in Kapitel 14, werden die vorgestellten Parallelitätskonzepte mit einer Reihe verschiedener aktueller Forschungsansätze verglichen. Besonderes Augenmerk wird hierbei auf Ausdruckskraft, Klarheit und Effizienz der Modelle und Sprachkonstrukte gelegt.

Ein Ausblick in Kapitel 15 beschließt die Arbeit. Im Anhang finden sich die Syntax-beschreibungen von Parallaxis und der parallelen Zwischensprache, vollständige Beispielpro-gramme für vier typische Probleme sowie das Literaturverzeichnis.

Das in diesem Buch beschriebene massiv parallele System "Parallaxis"
ist als Public-Domain Software mit Compiler und Simulator erhältlich.
Zur Zeit gibt es Versionen für Apollo, Sun, HP, IBM-PC und Macintosh.
Adresse: Thomas Bräunl, Universität Stuttgart, Fakultät Informatik,
Postfach 10 60 37, D-7000 Stuttgart 10

Danksagung

Ich möchte mich an dieser Stelle recht herzlich bei allen meinen Freunden und Kollegen bedanken, die mich bei der Anfertigung meiner Dissertation unterstützt haben.

Prof. Dr. Landfried, Präsident der Universität Kaiserslautern, Prof. Dr. von Puttkamer, Prof. Dr. Siekmann und der Fulbright-Kommission danke ich für ihren Einsatz und ihr Vertrauen, mit dem sie mir ein Stipendium an der University of Southern California ermöglichten. Für viele neue Ideen und die gute Zusammenarbeit während meiner Zeit in Kalifornien danke ich Prof. Dr. Arbab, Prof. Dr. Ginsburg, Prof. Dr. Hwang und Prof. Dr. Weinberg von USC, Los Angeles.

Herzlicher Dank für unzählige wertvolle Gespräche und Diskussionen, Verbesserungsvorschläge und das Korrekturlesen dieser Arbeit gebührt meinen Gutachtern Prof. Dr. Gerhard Barth und Prof. Dr. Jochen Ludewig, sowie meinem Kollegen Andreas Zell. Für kritische Anmerkungen zum Manuskript möchte ich mich bei Astrid Beck bedanken.

Ich bedanke mich für die gute Zusammenarbeit bei meinen Stuttgarter Studienarbeitern Ingo Barth, Frank Sembach und Karsten Krauskopf, meinen Praktikanten Bruno Schulze und Oliver Christ, sowie meinem hilfswissenschaftlichen Mitarbeiter Roland Becker. Sie haben wesentlichen Anteil an der Implementierung des in dieser Arbeit vorgestellten Systems und haben darüber hinaus in zahlreichen Besprechungen viele Verbesserungsvorschläge eingebracht.

Schließlich geht mein Dank an die Fakultät Informatik der Universität Stuttgart und die Deutsche Forschungsgemeinschaft. Sie haben meine Teilnahme an internationalen Informatik-Konferenzen finanziell unterstützt, bei denen ich meine Arbeit einem breiten wissenschaftlichen Publikum vorstellen konnte.

Stuttgart, im April 1990   Thomas Bräunl

Inhaltsverzeichnis

Anhang

1. Einleitung

Parallele Systeme gelten als die Antwort auf die informationstechnischen Anforderungen der Zukunft. Jedoch existieren trotz der zunehmenden Verfügbarkeit von hochgradig paralleler Hardware bis heute nur sehr wenige parallele Sprachumgebungen, die einerseits den Anforderungen an eine höhere Programmiersprache, wie Strukturierung, Lesbarkeit, Übersichtlichkeit und Klarheit der Darstellung Rechnung tragen, deren Effizienz und Einsatzbereich aber auch andererseits für praktische Anwendungen geeignet erscheinen.

In der vorliegenden Arbeit beschreibe ich einen neuen Ansatz für eine sowohl effiziente als auch strukturierte, übersichtliche parallele Programmierumgebung für SIMD Rechnersysteme mit *feinkörniger Parallelität* und einer Vielzahl von Prozessoren (*massive Parallelität*). Ist zu einem bestimmten Problem (zum Beispiel der Matrixmultiplikation) ein paralleler Algorithmus bekannt, so liegt die Schwierigkeit oftmals darin, daß dieser Algorithmus eine spezielle Hardwarestruktur – oder Netzwerk-Topologie – voraussetzt (im Beispiel wäre dies ein zweidimensionales Gitter). Andere Probleme erfordern andere Topologien, so daß ein flexibles SIMD System nötig wird. Die grundlegende Idee besteht nun darin, eine Abstraktionsebene zwischen pyhsischer und logischer Systemstruktur einzuführen. Dieses Konzept der **virtuellen Prozessoren** ist analog zu dem Konzept des **virtuellen Speichers**, wobei das Betriebsmittel *Speicher* durch das Betriebsmittel *Prozessor* ersetzt wurde. Nun kann zu einem Algorithmus immer die passende Netzwerkstruktur gewählt werden, ohne deren physische Realisierung beschreiben zu müssen. Die Anpassung zwischen der physischen und der im allgemeinen unterschiedlichen logischen Struktur wird vom System transparent durchgeführt.

Charakteristisch für das hier vorgestellte Parallelsprachen-Modell ist die Aufteilung in eine Architektur-Beschreibung der Vernetzung zwischen den einzelnen Prozessoren, sowie eine Algorithmus-Beschreibung für den Steuerrechner (host) und die parallelen Prozessoreinheiten (PEs). Dieser Ansatz ermöglicht die optimale Anpassung des in einer höheren Programmiersprache spezifizierten Algorithmus an die tatsächlich vorhandene SIMD Hardware, die entweder "fest verdrahtet" oder rekonfigurierbar sein kann. Bei einer softwaremäßig rekonfigurierbaren Maschine dient die Spezifikation der Netzwerkarchitektur zur Programmierung der flexiblen Prozessor-Verbindungen, um die gewünschte Prozessor-Struktur herzustellen, die an das zu bearbeitende Problem angepaßt ist. Hierfür müssen nur die Netzwerk-Router neu programmiert zu werden. Ist diese Möglichkeit nicht gegeben – dies gilt auch für einen Ein-Prozessor-Simulator einer parallelen Hardware – , so dient die Architekturbeschreibung zur Spezifikation eines virtuellen parallelen Systems, also zum Bau einer abstrakten parallelen Maschine, welche softwaremäßig emuliert wird. Durch einfache Änderungen in einem Programm können verschiedene Netzstrukturen simuliert, sowie deren Vor- und Nachteile miteinander verglichen werden.

Viele der bestehenden parallelen Sprachmodelle zielen im Gegensatz zu der hier vorliegenden Arbeit auf eine *grobkörnigere* Parallelitätsebene, das heißt größere Programmeinheiten (z. Bsp. Prozeduren / Prozesse) werden parallel ausgeführt. Die dort verwendeten Konzepte können daher im allgemeinen nicht in ein Modell der feinkörnigen Parallelität (*Datenparallelität*) übernommen werden. Die meisten dieser Sprachmodelle beziehen sich zudem auf die allgemeinere Klasse der MIMD Rechner mit mehreren eigenständigen Kontrollflüssen:

- *Concurrent Pascal* von Per Brinch Hansen [Han77],
  Communicating Sequential Processes (CSP) von Hoare [Hoa78],
  Modula-P von Bräunl [Brä86]
- ⇒ Prozedurales Sprachparadigma für MIMD Modell / parallele Prozesse

- *Concurrent Prolog* von Shapiro [Sha83], [Sha87],
  Parlog von Clark und Gregory [Cla83], [Cla84], [Rin88],
  Rapid von Schwinn und Barth [Scw86]
- ⇒ Logisches Sprachparadigma für MIMD Modell / AND- OR-Parallelität

- *OAR (Objects and Reasoning)* von Arbab und Bräunl [Arb87], [Brä87],
  TAO von Takeuchi, Okuno und Ohsata [Tak83], [Tak86]
- ⇒ Mischung von prozeduralem, logischem, objekt-orientierten Sprachparadigmen
  für MIMD Modell

Der Grundgedanke einer die Rechnerstruktur umfassenden Programmspezifikation läßt sich auf kein bestimmtes Programmierparadigma festlegen. Vielmehr handelt es sich um Konzepte zur Parallelverarbeitung, die in jedes Paradigma integriert werden können. Die hier vorgestellte Umsetzung dieser Konzepte in Programmiersprachen-Konstrukte beschränkt sich jedoch auf das prozedurale Modell.

Die Idee, Sprachkonzepte auf die verfügbare Hardware abzustimmen, ist keineswegs neu. Vielmehr wurden alle klassischen prozeduralen Sprachen wie Fortran, Cobol, Algol und Pascal für ein Hardware-Modell mit nur einem einzigen Prozessor entwickelt. Andere Programmiersprachen abstrahieren von einem Rechnermodell und können daher mehr oder weniger effizient auf Ein- bzw. Mehr-Prozessor-Systemen implementiert werden. Beispiele dazu sind vor allem die Sprachen Lisp, Smalltalk und Prolog. Jedoch kann zumindest auch bei Standard-Prolog das Ein-Prozessor-Modell zur sequentiellen Ausführung des Backtracking (Depth-First-Search) erkannt werden. Ganz anders ist dieser Sachverhalt bei der Sprache APL, die sich auch (sogar vornehmlich) zum Einsatz in SIMD-Rechnern empfiehlt. Der Effizienz und Einfachheit der Sprache APL (mathematisch-funktionale Schreibweise) steht deren schwere Lesbarkeit gegenüber; eine Programmstruktur ist wegen fehlender Konstrollstrukturen (statt dessen berechnete Sprünge) oft nicht mehr zu erkennen.

Ein weiteres Beispiel für eine hardware-angepaßte Programmiersprache ist Occam ([Inm84] und [Bur88]), welche speziell in Hinsicht auf das parallele Transputer-Konzept entwickelt wurde. Hardware und Software sind hierbei sehr gut aufeinander abgestimmt, jedoch nicht sehr flexibel. Occam-Programme können zur Effizienzsteigerung Festlegungen über die Zuordnung zwischen Prozessen, Prozessoren und Speicheradressen enthalten. Sie können dann aber nicht mehr ohne weiteres auf eine andere Hardware-Struktur portiert werden.

Das hier vorgestellte Modell einer flexiblen parallelen Sprache, die sich mit Hilfe einer integrierten Strukturbeschreibung auf unterschiedliche Hardware-Konfigurationen einstellen kann, beschreibt einen neuen Ansatz. Moderne Rechnerarchitekturen, wie die massiv parallele Connection-Machine (wegweisend für die Klasse der "daten-parallelen" Maschinen, siehe [Hil84], [Hil85], [Wal87]), sind für den Einsatz dieses Sprachenmodells hervorragend geeignet.

In einem Rückblick auf die Entwicklung des TI Advanced Scientific Computers schrieben H. Cragon und W. Watson 1989 [Cra89]:

"By the end of July 1966, we finally realized that the Fortran do loop was an automatic invocation of a vector operation and that a vectorizing Fortran compiler could be developed. ... Two decades later, the search is still on for a programming paradigm for array machines."

2. Anforderungen und Ziele

Das Ziel dieser Arbeit ist die Entwicklung neuer Konzepte für die feinkörnige parallele Programmierung. Diese werden diskutiert und mit bestehenden Konzepten verglichen. Aus diesen theoretischen Überlegungen heraus soll eine homogene parallele Programmiersprache mit prozeduralem Grundgerüst gebildet werden, welche ich im Nachfolgenden mit *"Parallaxis"* bezeichnen möchte. Eine Reihe von Anforderungen sollen hierbei gleichermaßen erfüllt werden:

A) Parallelität

Das charakteristischste Merkmal ist der Einsatzbereich dieser neuen Sprache: Sie soll vornehmlich für hochgradig parallele Systeme eingesetzt werden. Dabei werden Systeme mit regelmäßigen Strukturen (hier: in der Prozessor-Anordnung und der Prozessor-Verbindungsstruktur) bevorzugt, da bei diesen eine erheblich übersichtlichere Programmierung möglich ist. Als Ziel-Hardware kommt daher ein Parallelrechner entsprechend dem SIMD-Maschinenmodell (Array-Rechner) in Frage. Parallaxis muß also insbesondere über geeignete Konstrukte zur Parallelverarbeitung auf Mehrprozessor-Rechnern verfügen. Die Forderung nach Effizienz ergibt sich automatisch aus dem Einsatz einer parallelen Maschine. Geeignete Sprachkonstrukte sollen die parallele Ansteuerung einer Vielzahl von aktiven rechnenden Elementen ermöglichen und einen effizienten Ablauf ohne größeren Verwaltungsaufwand gewährleisten.

B) Flexibilität

Der Einsatzbereich soll nicht auf eine ganz bestimmte Rechner-Konfiguration beschränkt sein, sondern für viele parallele Systeme einsetzbar sein (Portabilität). Die erforderliche Flexibilität darf jedoch nicht zu Lasten von Effizienz oder Sicherheit gehen! Dies macht ein Konzept zur Anpassung der Software an die Hardware erforderlich.

C) Erweiterbarkeit

Ein Programm, das für ein bestimmtes Problem mit einer festen Problemgröße geschrieben wurde, sollte ohne aufwendige Änderungen auch für jede andere Problemgröße einsetzbar sein ("scalability"). Die Zahl der physisch vorhandenen Prozessoren ist auf der Ebene der algorithmischen Problemlösung transparent.

D) Sicherheit

Parallaxis soll ein sicheres Programmieren ermöglichen. Das heißt, Fehler bei der Programmierung sollen so früh wie möglich (am besten zur Übersetzungszeit) erkannt und angezeigt werden. Sinnvolle Restriktionen innerhalb der Sprache sind dabei auch für den Programmierer nützlicher als eine Sprache ohne Vorschriften aber auch ohne ausreichende Unterstützung bei der Fehlererkennung.

E) Übersichtlichkeit

Programme sollen nicht nur für den Rechner "lesbar" sein, sondern auch für Menschen. Selbst wenn die Erstellung des Programms schon einige Zeit zurückliegt, das Programm recht komplex ist, oder wenn Leser und Ersteller des Programms verschiedene Personen sind, soll es dennoch möglich sein, den Sinn eines Programmes zu erfassen und dessen Ablauf ohne großen Aufwand nachvollziehen zu können. Dieser Punkt wird jedoch gerade bei nicht-prozeduralen Programmiersprachen oft vernachlässigt, deren elegante Schreibweise einer unübersichtlichen Strukturierung gegenübersteht.

3. Parallele Programmierung

Zunächst werden hier einige grundlegende Prinzipien der parallelen Programmierung dargestellt. Während Parallelrechner in verschiedene Klassen eingeteilt werden, können Parallelisierungskonzepte in verschiedene Ebenen eingeteilt werden, wobei für diese Arbeit vor allem die Parallelität der Instruktionsebene von Interesse ist. Nach einer Diskussion von SIMD- und MIMD-Maschinentypen folgt die Beschreibung von vektoriellen Operationen. Es wird dabei zwischen Vektor-Skalar Operationen, Vektor-Reduktionen und Vektor-Vektor Operationen unterschieden. Eine Übersicht über eine Reihe von Konstrukten zur Parallelverarbeitung in bestehenden Programmiersprachen beendet das Kapitel. Dabei werden für jeden Ansatz die Punkte: parallele Verarbeitungseinheit, Synchronisation, Initiierung und Terminierung angesprochen, sowie die jeweiligen Vor- und Nachteile hervorgehoben.

Der Entwurf einer parallelen Sprache wird im Wesentlichen durch zwei Entscheidungen bestimmt:

1.	Wahl der Prozeß-Strukturen und
2.	Wahl der Kommunikations-Primitive

Dies genügt um die Eigenschaften eines parallelen Systems formal zu beschreiben. Darüber hinaus sind beim Entwurf eines parallelen Systems mehrere Kriterien zu beachten. Von besonderer Bedeutung sind:

- Strukturfeinheit der Parallelität
  (feinkörnige oder grobkörnige Parallelität, *"Parallelitätsebene"*,
   Verwendung von virtuellen Prozessoren)
- Größe einer Prozessor-Speicher Einheit (PE, "processing element")
- Struktur des Verbindungs-Netzwerks
  (Festlegung von Topologie und Routing-Algorithmus)
- Kommunikations-Protokoll
  (synchron oder asynchron, packet-switching oder circuit-switching)
- Fehlertoleranz
- Erweiterbarkeit und Skalierbarkeit
- Einzelner Kontrollfluß oder mehrere Kontrollflüsse
  (SIMD oder MIMD Architektur)

Hiermit eng verzahnt sollte die Entwicklung eines parallelen Betriebssystem-Kerns für das jeweilige Parallelrechnersystem erfolgen.

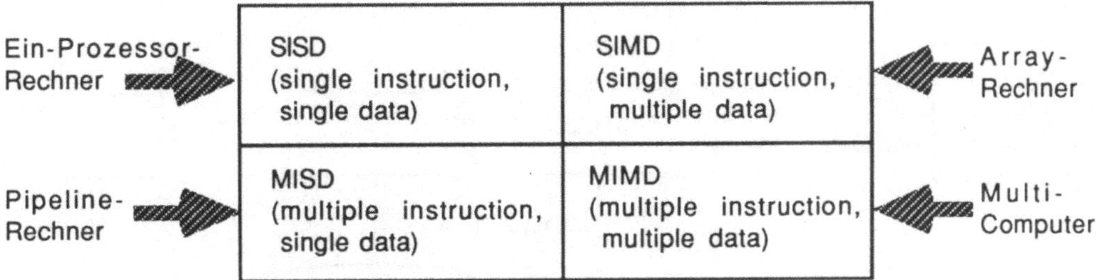

Abbildung 3.1: *Rechnerklassifikation nach Flynn*

Prinzipiell kann jeder Rechner nach der Klassifikation von Flynn [Fly66] in eine der vier Klassen SISD, MISD, SIMD oder MIMD eingeteilt werden. Bei SIMD und MIMD wird noch weiter auf Grund der Speicherorganisation in Systeme mit gemeinsamem Speicher und Systeme mit ausschließlich lokalen Speichereinheiten unterschieden. Bei gemeinsamem Speicher benötigt man explizite Synchronisationsmechanismen, um ein gleichzeitiges schreibendes Zugreifen zweier Prozessoren auf die gleiche Speicherstelle zu verhindern. Bei Systemen mit lokalem Speicher treten solche Probleme erst gar nicht auf; dafür müssen diese zum Datenaustausch ein Nachrichten-Protokoll einsetzen, das zwar aufwendiger ist, aber dafür größere Sicherheit gewährleistet. Ein MIMD System mit gemeinsamem Speicher wird in der Literatur als "shared memory multiprocessor", mit lokalem Speicher als "message passing multicomputer" bezeichnet.

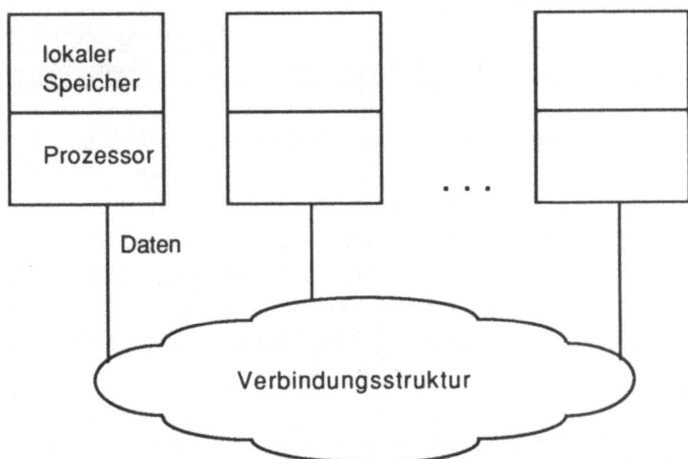

Abbildung 3.2: *MIMD-Struktur ohne globalen Speicher*

Wir interessieren uns im folgenden insbesondere für die beiden Klassen SIMD und MIMD. Während die MIMD-Struktur die allgemeinere Form darstellt, ist der Aufbau einer SIMD-Struktur wesentlich einfacher und kann für eine Reihe von Problemen geeigneter sein.

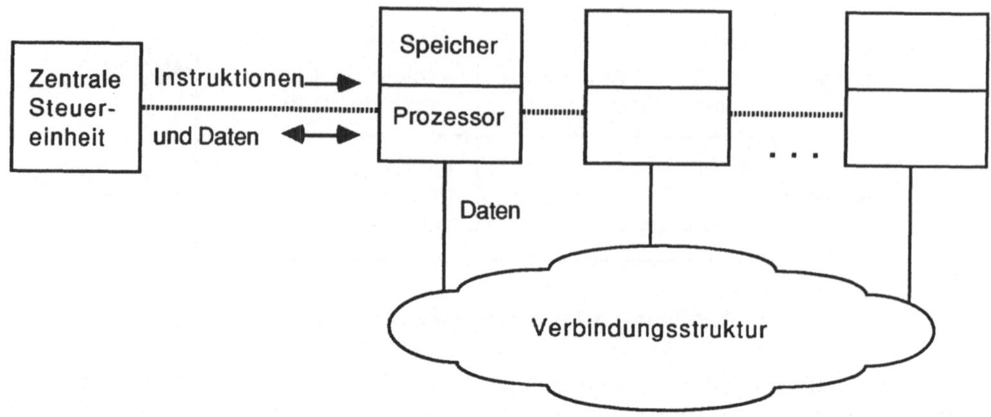

Abbildung 3.3: SIMD-Struktur

Von der Rechnerarchitektur abstrahiert, kann man vier Ebenen der Parallelität unterscheiden, je nach "Granularität" der Verarbeitungseinheiten:

Parallelitätsebene	Verarbeitungseinheit	Beispielsystem
Programmebene	Job, Task	Multiuser Betriebssystem
Prozedurebene	Prozeß	MIMD Programm
Expressionebene	Instruktionen	Arrayrechner (SIMD)
Bitebene	innerhalb Instruktion	von-Neumann Rechner

Abbildung 3.4: Ebenen der Parallelverarbeitung

Wie aus Abbildung 3.4 ersichtlich, hat der Begriff "Parallelverarbeitung" sehr verschiedene Gesichter. Sowohl Task-Scheduling als auch Bit-Slice-Techniken repräsentieren Parallelverarbeitung auf ihrer jeweiligen Ebene. Diese Methoden haben außer dem gleichen Oberbegriff jedoch wenig miteinander gemeinsam. Die Parallelisierung jeder einzelnen Ebene stellt spezifische Probleme auf, deren Lösungen im Regelfall nicht auf eine andere Ebene übertragen werden können.

Die Parallelverarbeitungs-Ebene mit der ich mich in der vorliegenden Arbeit intensiv beschäftige ist die Expressionebene. Eine parallele Instruktion wird hier auf mehreren Prozessoren gleichzeitig ausgeführt. Das Ergebnis besteht sozusagen aus einem Vektor, dessen Komponenten auf verschiedenen Prozessoren getrennt parallel berechnet wurden. Der Begriff **Parallelisierung** entspricht auf dieser Ebene dem Begriff **Vektorisierung**.

Die oberste und unterste Ebene sind im Zusammenhang mit dieser Arbeit nur von geringer Bedeutung. Parallelität auf der Programmebene ist recht einfach zu realisieren, da diese Programme in allgemeinen voneinander völlig unabhängig sind und nicht miteinander kommunizieren. Probleme entstehen hierbei allerdings, wenn mehrere "Jobs" gleichzeitig Betriebsmittel benötigen: Deadlock, Livelock und Inkonsistenz in Datenbank-Systemen seien an dieser

Stelle als Stichworte genannt. Die unterste Ebene ist transparent; sie verarbeitet beispielsweise 32 Bit große Zahlen. Bei einer einfachen Hardware muß jeder Arithmetik- oder Logikbefehl, zum Beispiel der AND-Befehl, bitweise berechnet werden, während aufwendigere Rechenwerke diesen Befehl bit-parallel bearbeiten können.

Die Prozedurebene liegt recht nahe an der hier betrachteten Expressionebene, jedoch ist die Voraussetzung dafür die allgemeinere MIMD-Struktur; jeder Rechner ist eigenständig und kann individuell programmiert werden. Einige Problemstellungen sind verwandt, andere entstehen aus der unterschiedlichen Rechnerarchitektur (Datenaustausch, Synchronisation). Für eine Darstellung der in der Prozedurebene auftretenden Probleme und Lösungsansätze siehe [Dij75], [Han77], [Brä86], [Geh88].

3.1 Parallele Rechnerarchitekturen

Als Zielhardware für das Parallaxis-System sind in erster Linie SIMD-Rechner (single instruction multiple data, "Arrayrechner") geeignet, jedoch kann es genauso auf MIMD-Rechnern (multiple instructions multiple data, "Multiprozessor" bzw. "Multicomputer", je nach Art der Speicherstruktur) mit hoher Prozessor-Anzahl eingesetzt werden.

Die Entscheidung für ein SIMD- oder ein MIMD-System hängt im wesentlichen von der Art der zu lösenden Problemstellungen ab. Lassen sich die Probleme überhaupt parallelisieren oder gar vektorisieren? Eine SIMD-Maschine hat im Gegensatz zu einer MIMD-Maschine nur einen einzigen Instruktionsstrom, das heißt jedes PE erhält gleichzeitig jede Instruktion und kann anhand von lokalen Daten entscheiden, ob sie diese Instruktion ausführt, oder sie überspringt (z.B.: if_then_else Auswahlanweisung). Eine SIMD-Maschine ist gegenüber einer MIMD-Maschine erheblich einfacher im Aufbau (d. h. billiger in der Herstellung) und theoretisch nur um eine multiplikative Konstante langsamer. Beide Maschinenklassen können die jeweils andere simulieren: Eine SIMD-Maschine kann eine MIMD-Maschine simulieren, indem jedes PE seine lokalen Daten als Befehle interpretiert. Die Konstante ist daher abhängig von der Größe des Befehlsvorrates der simulierten MIMD-Maschine. Im umgekehrten Fall kann eine MIMD-Maschine auf triviale Weise auch eine SIMD-Maschine ohne einen Mehraufwand an Zeit simulieren.

Gut strukturierte Probleme mit regulären Anweisungsmustern sind für eine SIMD-Arrayrechner besser geeignet als für ein MIMD-Multicomputersystem. Die aufwendigen Hardware-Bausteine für Instruktions-Laden und -Verteilen, Abwarten der Fertigmeldungen, sowie Weiterschalten des Programmzählers sind bei der SIMD-Architektur nur einmal vorhanden und werden immer und von allen PEs genutzt. Die wesentlichsten Charakteristika einer SIMD-Architektur sind nachfolgend zusammengefaßt:

- Einfachere Struktur, da nur ein Instruktionsstrom
- Für bestimmte Problemklassen einfacher und effizienter zu programmieren
- Befehlszyklus-Hardware ist nur einmal vorhanden
- Alle Operationen (Befehle und Nachrichtenaustausch) erfolgen synchron

> durch zentralen Taktgeber.
> - Kein Overhead durch Synchronisations-Konstrukte,
>   Wegfall von Semaphoren, Monitoren, usw.
> - Erheblich reduzierte Deadlock-/ Livelock-Gefahr!
> - Kein gemeinsamer Speicher, Datenaustausch über Nachrichten
> - Genau ein Prozeß je Prozessor (1:1 Zuordnung),
>   kein Overhead durch time-sharing
> - Kann MIMD in c-facher Zeit simulieren
>   (Konstante c = Größe MIMD-Befehlssatz, Interpretation lokaler Daten als Befehle)
> - Effizientere Abarbeitung von Problemen mit regelmäßigem Verarbeitungsmuster

Einer der wesentlichsten Punkte ist hierbei wohl die einfache und effiziente Programmierbarkeit von SIMD Rechnern. Ein homogenes Feld von PEs mit einer einheitlich strukturierten Verbindungsstruktur kann sehr leicht mit einem parallelen Algorithmus programmiert werden. Jedes PE führt dabei – von Ausblendungen einmal abgesehen – die gleichen Befehle zur gleichen Zeit aus. Ganz anders verhält es sich bei einem MIMD Rechner mit heterogener Struktur, wo quasi jeder Prozessor für sich (im allgemeinen mit einem anderen Programm!) programmiert werden muß. Dies ist ohne automatische Hilfsmittel schon bei Systemen mit 100 Prozessoren nahezu ausgeschlossen.

Kallstrom und Thakkar [Kal88] zeigen in einem Artikel die Anwender-Probleme bei der parallelen Programmierung auf. Sie implementierten das "Travelling-Salesman" Problem auf dem Intel iPSC Hypercube und der Sequent Balance in C, sowie einem Transputer-Netzwerk in Occam. Dabei stellte sich heraus, daß jede der drei eingesetzten Programmierumgebungen den Anwender zwang, auf die Beschränkungen der realen Rechnerarchitektur Rücksicht zu nehmen. Dieses häufig anzutreffende Problem versuchen wir hier durch maschinenunabhängige Parallelkonzepte zu vermeiden.

3.2 Parallele Operationen

Ein-Prozessor-Sprachen arbeiten mit einfachen Variablen (*Skalaren*); komplexere Datenstrukturen, wie z.B. in Pascal: Arrays oder Records, müssen hier explizit sequentiell verarbeitet werden. Eine Ausnahme bildet gerade in Pascal das Konzept einer Menge (Set, intern als Bitvektor repräsentiert), womit Operationen wie Mengenvereinigung und Durchschnittsbildung mit einem einzigen Befehl (software- wie hardwaremäßig) durchgeführt werden können. Dies entspricht auf der Ebene der Mengenelemente einer Parallelverarbeitung.

Parallele Sprachen erlauben die parallele Verarbeitung eines ganzen Vektors, einer Matrix oder eines anderen komplex strukturierten Datentyps. Die einzelnen Komponenten des strukturierten Datenelements liegen dabei meist auf verschiedenen PEs, die eine geforderte Operation interaktiv oder unabhängig voneinander parallel ausführen.

Bei den folgenden Ausführungen möchte ich als einfaches Beispiel eines strukturierten Datentyps den Vektor auswählen und an diesem Beispiel einige grundlegende parallele Konzepte beschreiben. Zur Darstellung werde ich die Schreibweise der Programmiersprachen APL [Ive62] und Connection Machine Lisp [Hil85] verwenden.

3.2.1 Vektor-Skalar Operationen

Unter einer Vektor-Skalar Operation versteht man die Verknüpfung eines Vektors mit einem Skalar, oder allgemeiner ausgedrückt: die komponentenweise Durchführung einer dyadischen Funktion mit Vektorkomponente und Skalar.

Beispiel 3.1: *Addition eines Skalars*
$$2\ 4\ 6\ +\ 2$$
Ergebnis: $4\ 6\ 8$

Jedes Element des Vektors ist ein Skalar und wird in der üblichen Weise (**unabhängig** von allen anderen Komponenten) mit dem Skalar auf der rechten Seite verknüpft.

In einer Lisp-Version für die Connection Machine (CmLisp) entspricht dies in etwa der α-Notation. Eine Funktion (im Beispiel: + 2) wird unabhängig auf jede Vektor-Komponente angewandt ("apply to all"). Ein dot-Operator "•" (auch "bullet"-Operator genannt) bildet die Umkehrfunktion des α-apply und kann die Anwendung der Funktion für einzelne Komponenten verhindern:

Beispiel 3.2: *Addition eines Skalars in CmLisp*
$$\alpha{+}1\ (3\ \bullet 1\ 8)$$
Ergebnis: (4 1 9)

3.2.2 Vektor-Reduktionen

Die Reduktionsfunktionen bilden einen Vektor auf einen Skalar ab. Dabei werden die Komponenten des Vektors mittels einer dyadischen Funktion zu einem Ergebnis aufgerechnet.

Beispiel 3.3: *Summenreduktion*
$$+/\ 1\ 2\ 3\ 4\ 5$$
Ergebnis: 15

Allgemeine Form der Reduktion:

$$f(\cdot\,,\cdot)\,/\ x_1\ x_2\ldots x_n \quad \text{mit neutralem Element } e$$
$$=\ f(\ x_1,\ f(x_2,\ f(\ldots\ f(x_n,e)\ \ldots)))$$

Eine zweistellige Funktion reduziert einen Vektor komponentenweise zu einem Skalar. In CmLisp auf der Connection Machine entspricht diese Art der Verarbeitung der sogenannten β-Notation. Sie kann auch zur Konstruktion neuer Funktionen verwendet werden, indem eine Abbildung durch eine Bereichsfunktion ("range") reduziert wird (siehe dazu [Hil85]).

3.2.3   Vektor-Vektor Operationen

Die Verknüpfung zweier Vektoren ist eine der häufigsten Operationen in einem parallelen System, z.B. als Vektoraddition oder Vektormultiplikation. Diese beiden Beispiele sind repräsentativ für die beiden Klassen von Vektoroperationen: In der Klasse der einfachen Operationen (wie der Vektoraddition) erfolgt die Berechnung der einzelnen Komponenten unabhängig voneinander. Für die Berechnung der i-ten Komponente des Ergebnisses werden ausschließlich die i-ten Komponenten der Eingangswerte benötigt; dadurch können solche Operationen leicht parallelisiert werden. Anders verhält es sich bei den komplexen Operationen (wie der Vektormultiplikation / "Kreuzprodukt"). Im allgemeinen Fall hängt das Ergebnis der i-ten Komponente von **allen** Komponenten der Eingangsvektoren ab; die Parallelisierung wird dadurch erschwert.

Beispiel 3.4: *Vektoraddition*

$$2\ 4\ 6\ 8\ +\ 6\ 5\ 2\ 1$$

Ergebnis: $8\ 9\ 8\ 9$

In CmLisp existiert hierfür keine gesonderte Notation, da jede Vektor-Vektor Operation aus den Operationen Vektor-Skalar und Vektor-Reduktion zusammengesetzt werden kann.

3.3 Parallelverarbeitung in bestehenden Programmiersprachen

Hier möchte ich einen Überblick über Konzepte und Methoden der parallelen Datenverarbeitung an Hand einiger paralleler Programmiersprachen geben, sowie Vor- und Nachteile der einzelnen Ansätze aufzeigen.

3.3.1   Coroutinen

Hier handelt es sich um ein Konzept der **eingeschränkten** Parallel-Verarbeitung, wie es unter anderem bei N. Wirths Modula-2 vorkommt (siehe [Wir83]). Zugrundeliegendes Entwurfsmerkmal ist das Ein-Prozessor-Modell. Es gibt nur einen Instruktionsstrom mit sequentiell verlaufendem Kontrollfluß. Jedoch kann das Betriebsmittel "Prozessor" von Coroutinen kontrolliert weiter- und zurückgegeben werden.

Dieses Konzept ist allein auf das Ein-Prozessor-Modell zugeschnitten und vermeidet den Overhead des Multitasking. Dafür können aber auch keine parallelen oder "quasi-parallelen" Prozesse deklariert werden. Die Verzweigung des Kontrollflusses zwischen Coroutinen muß explizit vom Anwender spezifiziert werden, eine echte Parallelverarbeitung findet **nicht** statt.

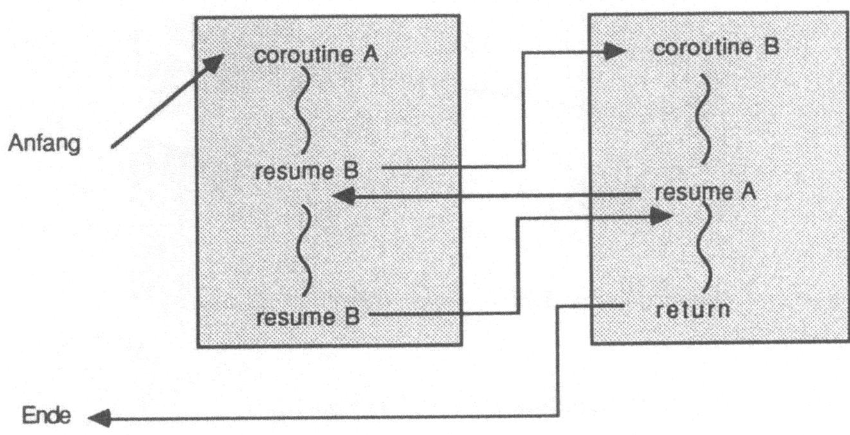

Abbildung 3.5: Coroutinen

3.3.2   Fork und Join

In der Programmiersprache C gibt es die Möglichkeit parallele Prozesse mit der Operation `fork` zu starten, sowie auf deren Beendigung mit der Operation `join` zu warten. Es handelt sich hier um ein Beispiel für echte parallele Prozesse (im Gegensatz zu Coroutinen), wobei diese jedoch auch bei nicht vorhandener paralleler Hardware durch Multitasking auf einem Prozessor zeitverzahnt abgearbeitet werden können.

Bei dieser Art der parallelen Programmierung werden allerdings zwei grundsätzlich unterschiedliche Konzepte miteinander vermischt: Zum einen die Deklaration von Prozessen und zum anderen die Synchronisation von parallelen Prozessen. Da es sich um konzeptionell völlig unterschiedliche Aufgaben handelt, sollten diese auch in einer Programmiersprache durch unterschiedliche Sprachkonstrukte klar getrennt sein!

Unübersichtlich wird diese Operation, wenn ein Prozess `fork` auf sich selbst anwendet (so z.B. in C) und somit eine Kopie von sich selbst erzeugt. Diese enthält eine Kopie des augenblicklichen Datensatzes und wird sogleich als neuer Prozeß gestartet. Der Programmcode muß also Anweisungen sowohl für den ursprünglichen Prozeß wie auch alle nachfolgend abgezweigten enthalten. Die einzige Möglichkeit für einen Prozeß seine Identität festzustellen (hier: Vater- oder Sohn-Prozeß) ist, seine Prozeß-Identifikations-Nummer mittels einer Standard-Prozedur zu lesen und anhand dieses Zahlenwertes zu entscheiden. Diese Vorgehensweise läuft einer sicheren und übersichtlichen Programmierung entgegen!

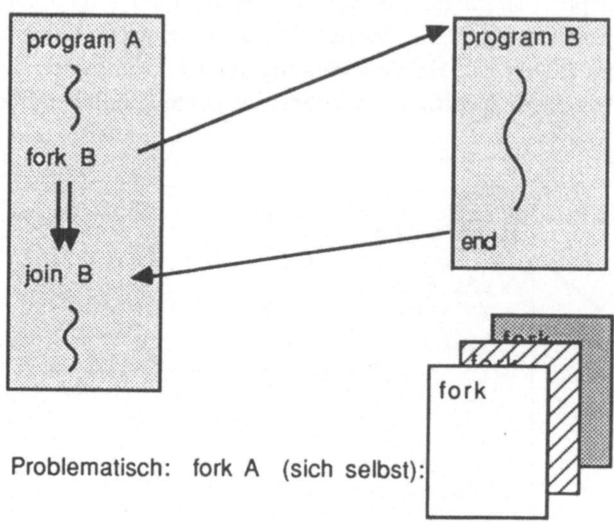

Abbildung 3.6: *Fork und Join*

3.3.3   Cobegin und Coend

Analog zu `begin` und `end` wird mit `cobegin` und `coend` ein Anweisungsblock definiert, nur daß die darin enthaltenen Anweisungen parallel ausgeführt werden sollen. Eine ähnliche Funktion besitzt der `par` Operator in Algol68. Er erlaubt das parallele Starten von Prozessen, welche über *Semaphore* synchronisiert werden.

- Die Synchronisation mittels Semaphore ist recht primitiv und teilweise unübersichtlich
- Es existieren keine parallelen Operatoren, wie z.B. Vektoraddition, die eine parallele Programmierung unterstützen.
- Es kann keine Zuordnung von Anweisungen (*Prozessen*) zu Prozessoren festgelegt werden.

Wegen den hier genannten Einschränkungen findet dieses Konzept in moderneren parallelen Programmiersprachen keine Anwendung. Ein Modell der zugrundeliegenden parallelen Hardware gibt es in diesem Ansatz nicht.

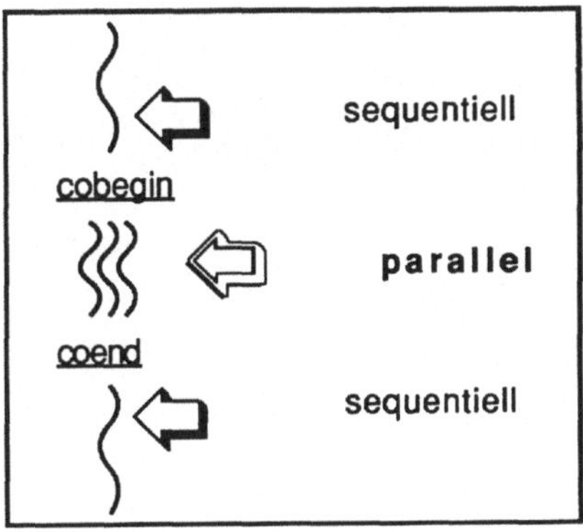

Abbildung 3.7: *Cobegin-Block*

3.3.4 Explizit deklarierte und synchronisierte Prozesse

Ein gut strukturiertes Parallelkonzept entstand in Brinch-Hansens Concurrent Pascal ([Han77]), welches trotz der umfangreichen Konzepte übersichtlich geblieben ist. Eine Weiterentwicklung auf dieser Grundlage stellt die Sprache Modula-P ([Brä86]) dar.

Prozesse werden ähnlich den Prozeduren deklariert und durch eine Anweisung explizit gestartet. Soll ein Prozeß in mehrfacher Ausfertigung existieren, so muß er entsprechend mehrfach gestartet werden, möglicherweise mit anderen Prozeß-Parametern (analog zu Prozedur-Parametern). Die Synchronisation zwischen den parallel ablaufenden Prozessen wird durch die Konzepte Semaphor, beziehungsweise Monitor mit Condition-Variablen geregelt (siehe dazu [Hoa74]).

Die Programmierung ist übersichtlich und Dank der verwendeten Strukturen von Pascal, bzw. Modula-2 auch gut strukturiert. Jedoch bereitet die explizite Synchronisation von parallelen Prozessen nicht nur einen zusätzlichen Verwaltungsaufwand, sondern sie ist auch extrem fehleranfällig, da diese Art der parallelen Darstellung zwar plausibel, aber dennoch gewöhnungsbedürftig ist. Häufige Fehler sind das Betreten oder Verlassen eines kritischen Abschnittes ohne Synchronisation, sowie Fehler bei der Verwaltung wartender Prozesse mit Condition-Variablen.

Das zugrundeliegende Modell der Hardware ist ein MIMD Multicomputer mit geringer PE-Anzahl (etwa 10) und heterogener Programmstruktur. Die Kommunikation / Synchronisation erfolgt bei Systemen mit gemeinsamem Speicher ("tightly coupled") über "Monitore" und "Conditions", bei Systemen ohne gemeinsamen Speicher ("loosely coupled", wie z. B. Ada) über das Senden und Empfangen von Nachrichten (siehe nächster Abschnitt).

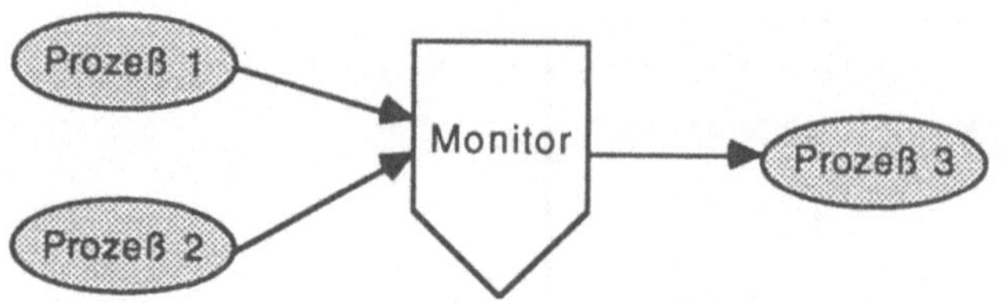

Abbildung 3.8: Explizit dargestellte Prozesse

3.3.5   Server / Client Beziehungen

Das Rechnermodell des vorangegangenen Parallelkonzeptes basierte auf einem MIMD Rechner mit gemeinsamen Speicher. Analog dazu basiert das Konzept einer parallelen Server / Client Konstellation auf einem MIMD Rechner **ohne** gemeinsamen Speicher; die Kommunikation zwischen den PEs erfolgt durch den Austausch von Nachrichten.

Das Programmsystem gliedert sich in mehrere parallele Prozesse, wobei jeder Prozeß die Rolle eines Servers oder eines Clienten annimmt. Jeder Server besteht aus einer Endlos-Schleife, in der er auf die nächste Anforderung wartet, die gewünschten Dienste (Berechnungen) ausführt und gegebenenfalls einen Ergebniswert zurückliefert. Jeder Server kann dabei auch selbst zum Client werden, indem er Dienste eines anderen Servers in Anspruch nimmt.

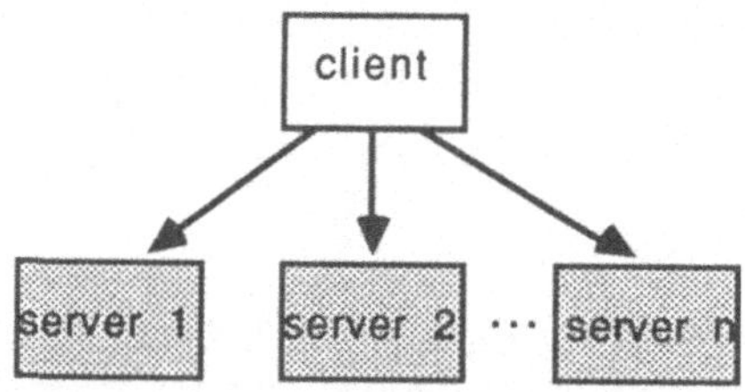

Abbildung 3.9: Server-Client Modell

Diese Art der parallelen Arbeitsteilung wird auch "remote procedure call" (siehe Skizze in Abbildung 3.10) genannt. Der Verarbeitungs-Durchsatz steigt natürlich erheblich, wenn der Client nicht bei jeder Anforderung auf die Ergebnisse des Servers warten muß, sondern parallel dazu auf seiner Prozessoreinheit weiterrechnen kann. Aus diesem Wunsch nach besserem Einsatz der parallelen Hardware und damit größerer Effizienz entstehen jedoch auch Probleme. Rückgabe-Parameter sind nun nicht mehr sofort nach Ausführen der Server-Operation verfügbar, da diese nun mehr einer "Auftragsabgabe"-Operation entspricht. Durch zusätzliche Operationen (ähnlich der `join` Anweisung) kann der Client auf die Bereitstellung von Ergebnissen warten, nachdem er alle weiteren parallelisierbaren Aufgaben ausgeführt hat.

Schwierig ist außerdem die Frage nach fehlertoleranten Protokollen für ein Rücksetzen und Wiederanlaufen nach dem Ausfall eines Servers.

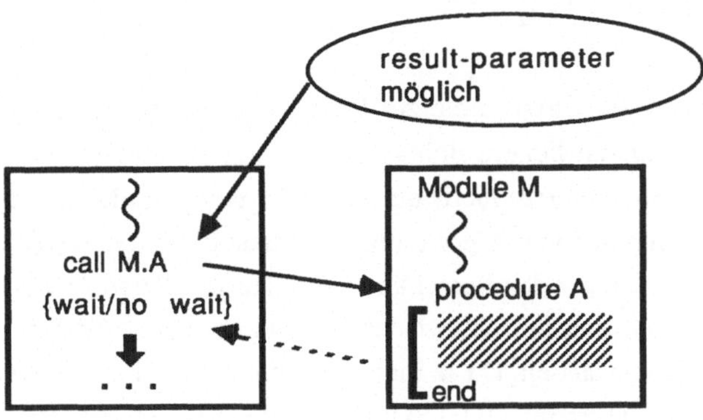

Abbildung 3.10: Remote Procedure Call

3.3.6   Implizite Parallelität

Die implizite Darstellung von parallelen Abläufen ist bei weitem die eleganteste Form der parallelen Programmierung. Jedoch muß dabei sichergestellt sein, daß auch genügend *prozedurale Information* ("Wissen") vorhanden ist, um eine effiziente Parallelisierung zu ermöglichen, denn diese Aufgabe muß nun zum Beispiel ein "intelligenter" Compiler allein lösen. Dieses Problem wird vor allem bei deklarativen Programmiersprachen wie dem funktionalen Lisp oder dem logischen Prolog klar:

Durch die deklarative Repräsentation von Daten ist die Lösung möglicherweise eindeutig bestimmt, jedoch existiert keine allgemein verwendbare Methode um diese Daten auch in einen prozeduralen Ablauf umzuformen (hier: die Zerlegung eines Problems in parallele Teilaufgaben, *Parallelisierung*).

Implizite Parallelität kann zum Beispiel aus vektoriellen Ausdrücken der Programmiersprache APL direkt extrahiert werden. Jedoch existieren in APL keinerlei Kontrollstrukturen, die für jede Programmiersprache – ob sequentiell oder parallel – unverzichtbar sind.

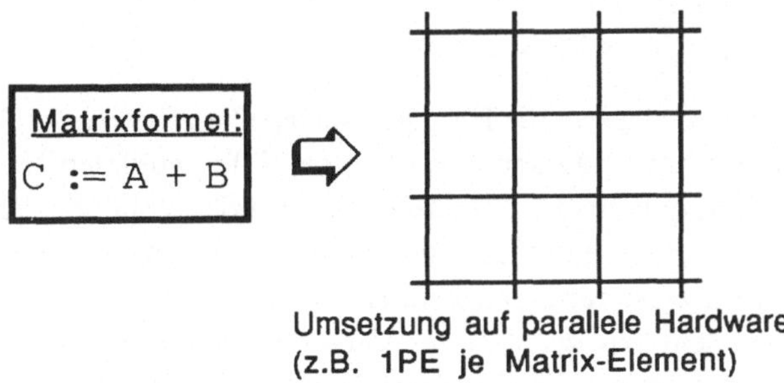

Abbildung 3.11: Implizite Parallelität

Wie in Abbildung 3.11 gezeigt, enthält die mathematische Schreibweise einer Matrix-Addition eine implizite Parallelität, die in diesem Fall noch recht einfach auf eine parallele Rechnerarchitektur umgesetzt werden kann.

4. Sprachkonzepte

Die wichtigsten Sprachkonzepte zur Realisation des parallelen Modells werden hier kurz vorgestellt. Eine ausführlichere Behandlung erfolgt dann in den nächsten drei Kapiteln. Ein Programm in der Sprache Parallaxis umfaßt außer dem parallelen Algorithmus auch eine funktionale Beschreibung der dem Algorithmus zugrunde liegenden Netzstruktur der parallelen Maschine. Daher werden außer den Sprachkonzepten zur parallelen Ausführung, Selektion von Prozessoren und dem Datenaustausch zwischen Prozessoren auch die Konzepte zur Spezifikation von Netztopologien behandelt. Diese Einbettung garantiert Flexibilität und Effizienz für mit diesem Modell erstellte Programme. Die Skizzierung des Variablenmodells, deren Deklaration, dem um Einheiten erweiterten Typkonzept, sowie von Prozeduren und Funktionen runden die Übersicht ab.

Die in dieser Arbeit vorgestellten Konzepte zur massiv-parallelen Programmierung sind nicht an ein bestimmtes Programmiersprachen-Paradigma gebunden. Bei der Umsetzung in Programmiersprachen-Konstrukte müssen jedoch Festlegungen getroffen werden: Für die Sprache Parallaxis wurde ein prozedurales Grundgerüst vorgesehen, während die Spezifikation der Verbindungstopologie in der naheliegenden funktionalen Form bleibt. Diese Koexistenz sollte keine Probleme verursachen, da beide Konzepte in klar getrennten Aufgabenbereichen eingesetzt werden. Die folgenden Sprachkonzepte sind in Parallaxis integriert:

Prozedurale Programmierung:
- ◊ Kontrollstrukturen
- ◊ Strenges Typenkonzept
- ◊ Typen-Theorie erweitert um das Einheiten-Konzept
- ◊ Synchrone Datenaustausch-Operationen

Funktionale Programmierung:
- ◊ Spezifikation der Verbindungsstruktur zwischen lokalen Prozessoren
- ◊ Selektion von Prozessoren bei der Parallelverarbeitung

Das neue Modell eines an die Hardware angepaßten Systems in Parallaxis garantiert für eine optimale Effizienz der Anwenderprogramme. Alle parallelen Hardware-Komponenten (PEs) und ihre Verbindungsstruktur untereinander werden vorab deklariert. Jedes Parallaxis-Programm kann dann nur diese Prozessoren verwenden. Dadurch wird eine optimale 1:1 Relation von Prozeß zu Prozessor erreicht; kein aufwendiges Multitasking-Betriebssystem ist für die PEs nötig, es entsteht kein zusätzlicher Verwaltungsaufwand (siehe dazu auch N. Wirths analoge Argumentation für ein Ein-Prozessor-System mit Modula-2 [Wir83], sowie das Oberon-System). Sollen für einen Anwendungsfall jedoch mehr Prozessoren eingesetzt werden, als die Maschine zur Verfügung stellt, so werden für den Anwender transparent mehrere *virtuelle* PEs auf ein physisches PE abgebildet, welches seine virtuellen Prozessoren in jedem Verarbeitungsschritt sequentiell behandelt.

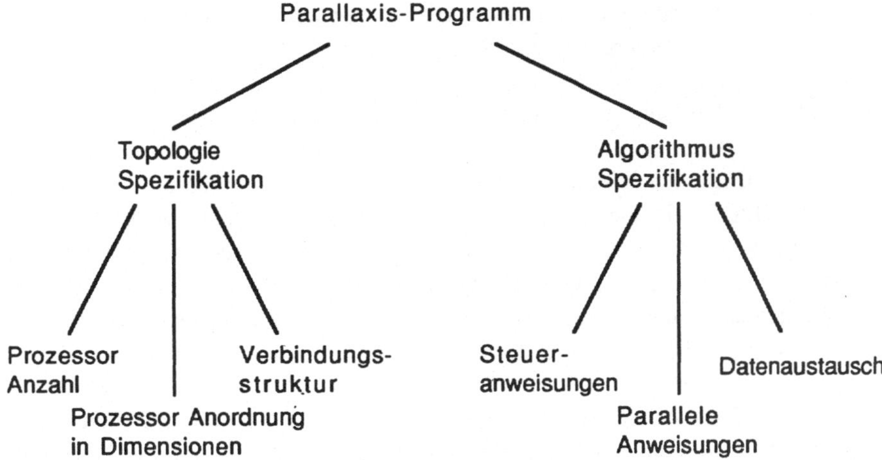

Abbildung 4.1: *Struktur und Sprachkonzepte eines Parallaxis-Programms*

Das grundlegende Modell, die Beschreibung der Rechnerarchitektur zusammen mit dem Algorithmus zu einem Programm zu verbinden, kann sowohl bei SIMD- als auch bei MIMD-Systemen vorteilhaft eingesetzt werden. Die im folgenden vorgestellten parallelen Sprachkonstrukte sind jedoch speziell auf massiv parallele SIMD Systeme abgestimmt und können daher nicht alle Vorteile von MIMD Systemen nutzen, obwohl sie natürlich auch auf diesen abgearbeitet werden können. So ist bei SIMD mit normalerweise sehr regelmäßigen Verbindungsstrukturen eine funktionale Spezifikation äußerst sinnvoll, um mit wenigen Definitionen die komplette Struktur zu beschreiben; hingegen bei MIMD, mit im allgemeinen wesentlich weniger Prozessoren und heterogener Struktur, genügt meist eine einfache Verbindungsdefinition in Form einer Tabelle. Parallelanweisungen in Parallaxis gehen implizit von einer sequentiellen Abarbeitung durch den Steuerrechner aus, wobei alle angesprochenen Prozessoren *synchron* parallel arbeiten; MIMD Prozessoren können aber unterschiedliche Anweisungen *asynchron* berechnen und benötigen daher auch andere Sprachkonstrukte zur expliziten Synchronisation. Deshalb gibt es auch beim Datenaustausch zwischen Prozessoren prinzipielle Unterschiede, denn bei einem MIMD System sind beim Datenaustausch immer nur zwei Prozessoren beteiligt, gegenüber einer ganzen Gruppe von Prozessoren bei SIMD. Daraus folgt, daß zwar das Modell von Parallaxis sowohl für SIMD als auch für MIMD geeignet ist und es kann für jede Systemklasse in eine Programmiersprache umgesetzt werden, jedoch erscheint es zumindest auf der prozeduralen Programmiersprachenebene wenig sinnvoll, eine beide Klassen umfassende parallele Sprache zu entwickeln.

4.1 Datenelemente und Deklarationen

Die Deklaration von Datenobjekten gliedert sich in zwei große Bereiche:

1. Die Deklaration von Variablen für die zentrale Steuerung
    (Schlüsselwort: `scalar`) und

2.   Die Deklaration von Variablen, die *separat lokal* auf jedem der parallelen
        Rechner angelegt werden. (Schlüsselwort: `vector`)

Diese Unterscheidung spiegelt das zweigeteilte Modell der Rechnerstruktur in Parallaxis
wider. Der zentrale Steuerrechner und die Gruppe der parallelen Prozessoren erfüllen verschiedene Aufgaben und können deshalb auch getrennt angesprochen werden. Variablen auf dem
Steuerrechner erfüllen meist Kontrollaufgaben (z. B.: Schleifenzähler), während die Variablen
der PEs im allgemeinen für eine komponentenweise parallele Berechnung eingesetzt werden.
Jedes PE verfügt also in seinem lokalen Speicher über die gleichen Variablen wie jedes andere
PE, jedoch können diese unterschiedliche Werte annehmen. Ein einzelner Prozessor sieht somit
von einer Vektor-Variablen nur "seine" Komponente.

Alle Datenelemente müssen vor ihrer Verwendung deklariert und einem eindeutigen
Datentyp zugeordnet werden. Eine strenge Typisierung ist für das "Programmieren im Großen"
zur frühzeitigen Fehlerdiagnose unerläßlich. Hinzu kommt das "erweiterte Typkonzept", welches außer dem Typ eines Objekts (z.B.: `integer`, `real`, usw.) auch dessen Einheit vor-
schreibt. Eine Einheit kann nun eine physikalische Einheit, wie z.B. `m` (Meter), `kg` (Kilogramm), `s` (Sekunde), oder ein beliebiger multiplikativer Term aus diesen sein. Darüberhinaus
kann man beliebige Einheiten-Systeme selbst definieren, was eine zusätzliche Hilfe bei der
Fehlererkennung zur Laufzeit bedeutet. Ein arithmetischer Ausdruck oder eine Zuweisung kann
nur dann abgearbeitet werden, wenn die beteiligten Datenwerte nicht nur den gleichen (bzw.
einen kompatiblen) Typ haben, sondern auch ihre Einheiten (sofern deklariert) zueinander
passen.

4.2 Spezifikation der parallelen Verbindungsstruktur

Bevor wir Operationen wie "Parallelverarbeitung" oder "Datenaustausch" verwenden
können, muß zunächst festgelegt sein, was wir unter einer parallelen Einheit, ihren Nachbarn
oder einer Nachricht verstehen. Einen Teil davon legt das implizit vorhandene Maschinenmodell für Parallaxis bereits fest. Wir gehen also von einem SIMD Arrayrechner mit einer
zentralen Steuerung aus. Alle PEs sind identisch, verfügen über lokale Speicher und tauschen
Nachrichten über eine feste Anzahl von bi-direktionalen Ports aus. Der Adressat ist ein Nachbar-Prozessor (spezifiziert durch den Richtungsnamen = Portnamen) oder ein Prozessor, der in
dieser Richtung in der angegebenen Entfernung liegt (relative Adresse). Der Inhalt einer Nachricht ist ein beliebig strukturierter Datenausdruck.

Wieviele PEs in einem System enthalten sind, wieviele Ports ein PE besitzt und vor allem wie die Verbindungsstruktur aussieht, sind für den Anwendungsprogrammierer entschei-
dende Fragen. Sie werden explizit durch die Hardware-Spezifikation eines Parallaxis-Programmes beantwortet (siehe dazu Kapitel 5). Die Konstrukte für Datenaustausch und parallele
Verarbeitung, die in den beiden nächsten Abschnitten vorgestellt werden, beziehen sich direkt
auf diese Spezifikation. Hier kommt die Flexibilität des parallelen Systems ins Spiel: Wenn es
möglich ist, verschiedene logische Topologien der Rechnerstruktur zu wählen, so kann für ein

zu lösendes Problem die jeweils passende Struktur gewählt und eingestellt werden. Hierbei gilt:

- Parallele Algorithmen sind immer nur auf eine Topologie beschränkt und
- Zu einem gegebenen Problem gibt es gut geeignete und weniger geeignete Topologien; die Auswahl einer *passenden* Topologie erleichtert die Lösung.

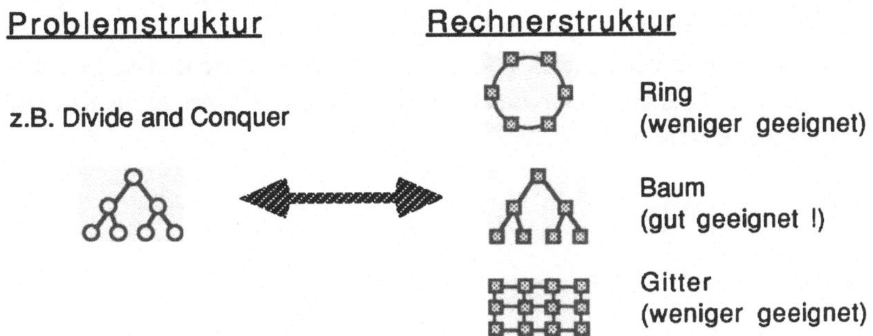

Abbildung 4.2: *Skizze zur Flexibilität von Parallaxis*

Abbildung 4.2 skizziert die Flexibilität von Parallaxis. Der Programmierer kann die Rechnerstruktur selbst konfigurieren, um die optimale Anpassung an ein gestelltes Problem zu erreichen.

4.3 Paralleler Datenaustausch

In Parallaxis kann jeder der spezifizierten (logischen) Prozessoren Daten mit anderen Prozessoren austauschen. Jedes PE hat seinen eigenen Datenbereich, der von den Daten eines anderen PEs räumlich und logisch getrennt ist. Einzig durch das Senden und Empfangen von Nachrichten können Daten zwischen PEs ausgetauscht werden. Eine Nachricht besteht aus einer **relativen Adresse**, welche sich auf die zuvor spezifizierte Netzwerk-Topologie bezieht (im 2-D Gitter z. B.: "3 nach oben"), und dem Datenelement des sendenden PEs. Anders als bei Modellen von grobkörniger Parallelität wird hier nicht der *individuelle* Datenaustausch zwischen zwei PEs unterstützt, sondern immer der *kollektive* Datenaustausch einer ganzen Gruppe von Prozessoren.

Beispiel 4.1: *Senden von Nachrichten*

```
send. right^3 (value)
```

Analog zum Senden von Nachrichten gibt es eine Operation zum Empfangen von Nachrichten. Hier wird durch einen Punkt getrennt der Eingangsport angegeben, durch den die Nachricht eintreffen soll.

Beispiel 4.2: *Empfangen einer Nachricht*

```
receive. left (new_value)
```

Da die Operationen `send` und `receive` wegen der parallelen Ausführung auf allen PEs immer hintereinander ausgeführt werden, wird in Parallaxis **ausschließlich** die zusammengesetzte Datenaustausch-Operation `propagate` unterstützt. Dadurch werden in jedem angesprochenen PE hintereinander die Operationen `send` und `receive` ausgeführt. Der Ausgangskanal ("port") für `send` entspricht dem Kanal für die `propagate` Anweisung und der Eingangskanal für `receive` wird aus der Verbindungs-Spezifikation abgeleitet. Die bei `propagate` angegebene Variable wird zuerst gelesen und gesendet; anschließend wird sie mit dem neu empfangenen Wert überschrieben, das heißt der gesendete Wert ist nach Ausführung der `propagate` Anweisung nicht mehr verfügbar.

Beispiel 4.3: *propagate Operation*

```
propagate.right (buffer)
```
____

entspricht: `send.right (buffer);`

`receive.left (buffer)`

Für den Datenaustausch zwischen parallelen PEs und zentralem Steuerrechner stehen vollkommen andere Operationen zur Verfügung, wie der blockweise Datentransfer (siehe Abschnitt 7.2) und die Reduktion eines Vektors zu einem Skalar (siehe Abschnitt 6.4).

4.4 Parallele Verarbeitung

Kernstück der parallelen Verarbeitung in Parallaxis ist die parallele Blockstruktur. Mit ihr wird eine Untermenge der PEs ausgewählt (Default-Wert: alle vorhandenen PEs), die für die nachfolgende parallele Aufgabe benötigt werden. Es gibt hierbei eine Reihe von Kriterien zur Selektion von Prozessoren, die später im Einzelnen erläutert werden. Alle Anweisungen innerhalb eines `parallel_endparallel` Blocks werden auf jedem so angesprochenen PE parallel und synchron ausgeführt. Diese Vorgehensweise entspricht ganz grob der Parallelisierung einer `for`-Schleife. Die einzelnen Schleifendurchläufe werden auf je einen Prozessor verteilt und parallel ausgeführt (siehe Beispiel 4.4).

Beispiel 4.4: *Vektorielle Verarbeitung*

```
VECTOR a,b: real;
(* lokale Variablen, existieren auf jedem PE *)
PARALLEL [1..100]
  a := sin(b)
ENDPARALLEL;
```

```
äquivalent zu der sequentiellen For-Schleife in Pascal:

  VAR a,b: ARRAY[1..100] of real;
      i  : integer;    (* Hilfsvariable *)
  BEGIN
    FOR i:=1 TO 100 DO
      a[i] := sin(b[i])
  END;
```

4.5 Prozeduren und Funktionen

Prozeduren, beziehungsweise Funktions-Prozeduren entsprechen weitgehend den in Modula-2 festgelegten Definitionen [Wir83]. Prozeduren können geschachtelt sein und benötigen keine `forward`-Referenzen. Parameter können als Referenz- (`var`) oder Werte-Parameter definiert werden. Im ersten Fall wird die Adresse eines Speicherplatzes an die Prozedur übergeben, während in zweiten Fall direkt der Wert einer Variablen weitergegeben wird. Änderungen können in diesem Fall nicht an die aufrufende Schachtelungsebene zurückgegeben werden. Zusätzlich muß für jede Parameter-Deklaration einschließlich eines eventuellen Funktionsergebnis-Typs wie auch bei der Variablen-Deklaration durch das Schlüsselwort `scalar` oder `vector` angegeben werden, ob die betreffenden Parameter auf dem Steuerrechner oder auf jedem PE vorhanden sein sollen. Beim Aufruf einer Prozedur müssen aktuelle und formale Parameter auch in dieser Kategorie übereinstimmen.

Die Verwendung eines Vektor-Parameters deutet an, daß es sich um eine Prozedur handelt, die ausschließlich innerhalb eines `parallel`-Blocks aufgerufen werden darf, da nur dort Vektor-Variablen manipuliert werden dürfen. Prozeduren oder Funktionen welche nur skalare Parameter besitzen, können von beliebiger Stelle aus aufgerufen werden (sowohl innerhalb als auch außerhalb eines `parallel`-Blocks). Diese dürfen allerdings nicht auf globale (oder allgemein sichtbare) Vektor-Variablen zugreifen, es sei denn sie enthalten einen eigenen parallelen Block im Prozedurkörper.

5. Spezifikation der Rechnerarchitektur

Hier wird die Spezifikation einer parallelen Verbindungsstruktur beschrieben, auf die sich ein Algorithmus beziehen kann. Das verwendete Maschinenmodell entspricht einem rekonfigurierbaren SIMD-Rechner mit zentralem Steuerrechner, wobei die Verbindungen zur Laufzeit eines Programms jedoch statisch sind. Zur Spezifikation eines Netzwerkes sind die Anzahl der Prozessoren, ihre Anordnung in logischen Dimensionen und die Funktionsdefinition der Verbindungen zwischen Prozessoren erforderlich. Erweiterungen dieser einfachen Darstellung sind zusammengesetzte Verbindungs-Funktionen und parametrisierte Funktionen. Die Vielseitigkeit dieser Darstellung wird an einer Reihe von typischen ein- and mehr-dimensionalen Netzwerkstrukturen gezeigt. Mögliche Fehlerquellen einer Verbindungsspezifikation werden aufgezeigt und Konsistenzregeln zu deren Erkennung zur Übersetzungszeit angegeben. Eine Diskussion von Ideen zur Erweiterung der Spezifikations-Konstrukte und möglichen Werkzeugen schließt das Kapitel ab.

Ein Ziel von Parallaxis ist es, ein Programmsystem an verschiedene Hardware-Konfigurationen einer SIMD-Maschine anpassen zu können (eine herausragende Rechnerarchitektur ist hier D. Hillis *Connection Machine* [Hil85]). Dabei soll die Spezifikation der real vorhandenen oder simulierten Hardware einfach und übersichtlich, andererseits aber auch möglichst variabel sein. Die Effizienz einer Anwender-Implementierung steht dabei im Vordergrund und wird durch das Parallaxis-System unterstützt. Es werden hierbei grundsätzlich nur homogene, erweiterbare ("skalierbare") Netzwerkstrukturen unterstützt, die dem Arrayrechner-Konzept entsprechen.

Die Vorteile einer zweigeteilten Programmbeschreibung mit einer dem eigentlichen Algorithmus vorangehenden Hardware-Spezifikation sind hier kurz zusammengefaßt:

- Wesentlich verbesserte Verständlichkeit und Übersichtlichkeit des nachfolgenden Algorithmus, da die verwendeten Prozessor- und Daten-Elemente sowie ihre Verbindungsstrukturen vorher klar definiert werden.

- Deklaration der tatsächlich verwendeten PEs bei SIMD-Maschinen mit fest vorgegebener Vernetzung. Die Deklaration der Verbindungsstrukturen kann dabei die physischen Verhältnisse der tatsächlich verwendeten Hardware widerspiegeln oder eine zu simulierende virtuelle parallele Maschine festlegen.

- Deklaration von tatsächlich verwendeten PEs, sowie die Definition der gewünschten Verbindungsstrukturen bei SIMD-Maschinen mit rekonfigurierbarer Vernetzung. Die in der Hardware-Spezifikation vorgenommenen Verbindungen der PEs untereinander werden dann je nach Komplexitätsgrad des vorhandenen rekonfigurierbaren Netzwerks entweder direkt realisiert oder über wenige Stufen (Routing-Schritte) simuliert. Sind physisch weniger PEs vorhanden als im Programm (logisch) spezifiziert, so muß eine geeignete Abbildung logischer

PEs auf physische PEs zur Realisierung des Konzeptes der "virtuellen Prozessoren" verwendet werden.

- Soll eine Parallaxis-Anwendung auf einem konventionellen Ein-Prozessor-System (SISD-Maschine) simuliert werden, so dient die Hardware-Spezifikation dazu, das gewünschte Modell einer Verbindungsstruktur zu simulieren.

Alle bekannten parallelen Sprachansätze beziehen die zugrundeliegende Struktur des verwendeten Parallelrechners (SIMD oder MIMD) *nicht* mit ein, sondern jedes Programm macht "bestimmte" Annahmen über die Vernetzungsstruktur, welche bestenfalls durch begleitende Kommentare dokumentiert sind (siehe unter anderem: DADO [Sto84], Armstrong Multiprocessor [Ray88] und Connection Machine C* [Ros87a]).

5.1 Das parallele Maschinenmodell

Während die Topologie eines parallelen Systems durch die Hardware-Spezifikation festgelegt wird, bleibt dennoch ein Maschinenmodell für Parallaxis maßgebend. Hierdurch sind unabhängig von einer Implementierung oder Simulation gewisse Möglichkeiten eröffnet und Einschränkungen vorgegeben. Alle Sprachkonstrukte müssen in Hinblick auf das zuvor definierte Maschinenmodell konzipiert werden, um die Möglichkeiten des Modells effizient ausschöpfen zu können.

*Das für Parallaxis vorgegebene Maschinenmodell besitzt
folgende Charakteristika:*

- SIMD Grundstruktur (Arrayrechner), bestehend aus
  - zentralem Steuerrechner
  - topologie-abhängige Anzahl von Rechner-Einheiten (PEs)
  - flexibles Verbindungs-Netzwerk mit topologie-abhängiger Struktur
- Die zentrale Steuereinheit kontrolliert alle parallelen PEs.
- Alle Operationen werden synchron ausgeführt.
- Alle PEs sind identisch, sowohl die Prozessoren, als auch die lokalen Speichereinheiten.
- Jedes PE hat eine topologie-abhängige Anzahl von bidirektionalen Ports, über die es Nachrichten (Datenblöcke) senden und empfangen kann.
- Das Verbindungs-Netzwerk ermöglicht 1:1 Verbindungen zwischen PE-Ports und ist (auf logischer Ebene) flexibel rekonfigurierbar, um jede beliebige Topologie zu bilden.

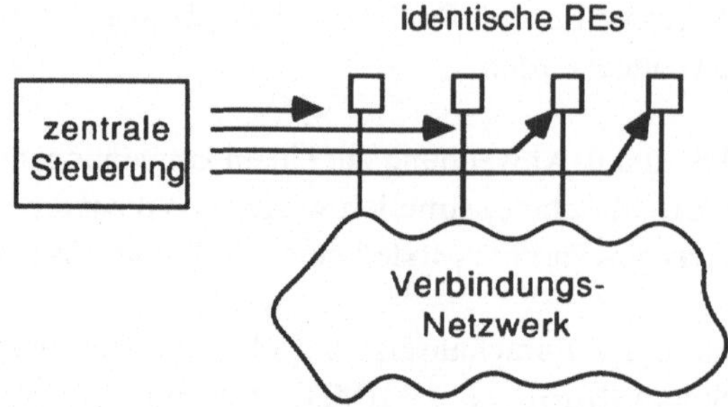

Abbildung 5.1: *Das Maschinenmodell für Parallaxis*

Die hier vorgestellte **abstrakte parallele Maschine** besitzt eine homogene Struktur, da das System – abgesehen vom zentralen Host – aus identischen Prozessoren mit lokalem Speicher besteht. Die in Parallaxis vorhandenen Sprachkonstrukte beschränken sich auf ein **statisches Verbindungs-Netzwerk**. Es existieren keine Befehle, die eine Neukonfigurierung des Netzwerkes zur Laufzeit ermöglichen. Dennoch kann die physische Hardware durchaus über ein dynamisches Netzwerk verfügen, das vor dem eigentlichen Programmstart gemäß der funktionalen Topologie-Spezifikation des Anwenders konfiguriert wird. Während des Programmlaufes müssen sowohl bei statischen als auch dynamischen Netzwerken die Befehle zum Datenaustausch auf der logischen Verbindungsebene auf die realen Gegebenheiten abgebildet werden. Dies geschieht durch Umlenkung von Nachrichten (*rerouting*), deren logische Verbindung physisch nicht existiert. Das Umlenken von Nachrichten ist für den Anwender ein transparenter Vorgang, der sich ausschließlich durch einen eventuellen Leistungsverlust bemerkbar macht.

5.2 Spezifikationskonstrukte der Netzwerkstruktur

Die Spezifikation der verwendeten Hardware geschieht in zwei Schritten: Zuerst wird die Zahl und logisch-dimensionale Anordnung der Prozessoren mit Hilfe der `configuration` Anweisung festgelegt. In eckigen Klammern wird dabei die Anzahl der Prozessoren (mit den Identifikations-Nummern: 0 bis Anzahl-1), oder der Bereich in der Form "von-id . . bis-id" angegeben. Anschließend wird in der `connection` Anweisung die Verbindungsstruktur der PEs untereinander definiert. Jedes PE besitzt so viele logische Ports für Eingabe- *und* Ausgabe-Operationen, wie verschiedene Transfer-Funktionen definiert sind. Diese sind Abbildungen jeweils eines Ports eines PE auf einen (möglicherweise anderen) Port eines anderen PE. Jede Funktion gilt grundsätzlich für jedes PE, es sei denn es wurde eine Einschränkung in geschweiften Klammern hinzugefügt, die die zugehörige PE-Menge einschränkt.

Die Verbindungen von Prozessor zu Prozessor sind also immer eine ein-eindeutige Zuordnung auf Port-Ebene (1 : 1). Jeder Prozessor erhält eine eindeutige Identifikationsnummer (`id_no`), die sich aus den Positionszahlen in jeder einzelnen Dimension zusammensetzt.

Beispiel 5.1: Eine SIMD Architektur in 2-dimensionaler Gitter-Vernetzung

```
CONST              length = 64;
                   width  = 16;


CONFIGURATION  Field [length],[width];
CONNECTION     right : Field [i, j]  →  Field [i, j+1].left;
               left  : Field [i, j]  →  Field [i, j-1].right;
               up    : Field [i, j]  →  Field [i+1, j].down;
               down  : Field [i, j]  →  Field [i-1, j].up;
```

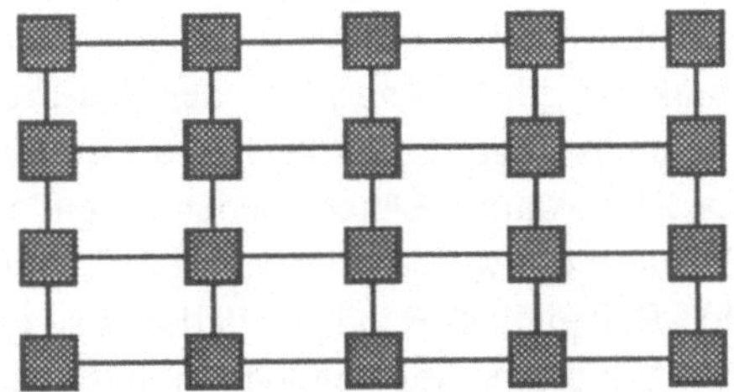

Abbildung 5.2: *Gitter-Topologie*

Das obige Beispiel zeigt die Spezifikation eines zwei-dimensionalen Feldes bestehend aus 1024 Prozessoren, organisiert in 64 Reihen zu je 16 PEs (processing elements). Die `configuration` Spezifikation gibt der Prozessor- / Netzwerks-Konfiguration einen Namen, bestimmt wieviele PEs verwendet werden und sagt aus, wie und in wievielen Dimensionen diese angeordnet sind (ähnlich einem mehrdimensionalen Daten-Array in Pascal). Im obigen Beispiel heißt die Konfiguration `Field` und hat PEs in zwei Dimensionen angeordnet. Unser System hat weiterhin `length` Zeilen (Dimension 1) mit je `width` Spalten (Dimension 2) von PEs. Die Numerierung der Elemente läuft von (0,0) bis zu (`length-1`, `width-1`), also bis (63, 15). Zusammen ergeben 64 Zeilen zu je 16 PEs genau 1024 rechnende Einheiten.

Die `connection` Anweisung definiert vier Verbindungs- oder *Transfer*-Funktionen mit den symbolischen Namen `right`, `left`, `up` und `down`. Jedes Prozessor-Element muß daher über vier Eingabe- und vier Ausgabe-Ports verfügen. Die Vernetzungsstruktur zwischen den Ports der PEs ist in jeder der vier Transfer-Funktionen festgelegt. Zum Beispiel legt die `right`-Funktion fest womit der `right`-Port jedes PE (seine Koordinaten sind allgemein die Zeile i und die Spalte j) verbunden ist. Nach dem Abbildungspfeil (→) folgt der Ziel-Prozessor; für jedes (beliebige) PE mit Identifikationsnummer (i, j) ist als Ziel das PE mit der Nummer (i, j+1) definiert, anschaulich gesehen also der rechte Nachbar in einem zwei-dimensionalen Feld. Die Transfer-Funktionen bilden also id-Nummern auf id-Nummern ab. Nach der Identifikations-nummer des Ziel-Prozessors folgt noch dessen zugehöriger Eingangsport. Insgesamt sagt die erste der vier Vernetzungs-Funktionen also folgendes aus:

Jedes PE (i, j) (allgemeine Nummer) ist mit dem PE der Nummer (i, j+1) verbunden und zwar der Ausgangs-Port "right" von PE (i, j) mit dem Eingangs-Port "left" von PE (i, j+1).

5.3 Definitions- und Wertebereiche von Transfer-Funktionen

In erster Näherung entspricht sowohl die Definitions- als auch Werte-Menge einer Transfer-Funktion der Menge aller PEs (genaugenommen der *Menge der Identifikations-Nummern* aller PEs), die zuvor mit der `configuration` Spezifikation vereinbart wurden. Was geschieht aber nun, wenn das Bild eines PE-Ports (d.h. sein zugehöriger Nachbarport) nicht innerhalb der angegebenen Grenzen (hier: 0 . . length-1 und 0 . . width-1) liegt? In diesem Fall existiert *keine* Verbindung! Die Transfer-Funktion gilt also nur, falls der Ziel-Prozessor der Abbildung innerhalb des zulässigen Wertebereichs liegt, das heißt, daß dieses PE überhaupt existiert. Von einem solchen Port eines PEs können Daten weder gesendet noch empfangen werden. Alle nicht-existierenden id-Nummern werden formal zu "⊥", dem "Nil-PE" zusammengefaßt. Dies ist in unserem "Field"-Beispiel am Rand der Fall und so existiert beispielsweise für das PE (1,15) kein rechter Nachbar. Daten, die dennoch in diese Richtung geschickt werden sollten, erzielen keinerlei Wirkung. Der Wertebereich umfaßt somit alle Prozessor-Elemente, der Definitionsbereich aber nur solche, deren Bilder auch im Wertebereich liegen.

Die Vernetzung wird mit der `connection` Spezifikation auf recht elegante und übersichtliche Art festgelegt. Dabei werden die in jeder vernünftigen Verbindungsstruktur auftretenden Symmetrien und Muster in höchstem Maße für eine einfache Darstellung ausgenutzt. Welche I/O-Ports eines PEs nun mit welchen Ports anderer PEs verbunden sind, muß nicht mühsam für jeden Port jedes PEs angegeben werden (für dieses Beispiel: 4096 Deklarationen!), sondern nur für jeden Port eines beliebigen **Modell-PE** wird funktional der verbundene Nachbar-Prozessor und der entsprechende Port spezifiziert. Dies reduziert den Aufwand generell auf eine Deklaration je vorhandenen Port *einer der identischen* PEs (in diesem Beispiel: nur 4 Deklarationen!).

Jedes PE erhält eine zusammengesetzte Identifikationsnummer (`id_no`), die sich aus seiner absoluten Position in der n-dimensionalen Array-Struktur aller PEs ergibt. Im Beispiel-Fall der zwei-dimensionalen Feld- oder Gitter-Anordnung `Field [length], [width]` verfügt das System über folgende PEs:

PE(0, 0)	PE(0, 1)	PE(0, 2)	. . .	PE(0, width-1)
PE(1, 0)	PE(1, 1)	PE(1, 2)	. . .	PE(1, width-1)
PE(2, 0)	PE(2, 1)	PE(2, 2)	. . .	PE(2, width-1)
. . .	. . .	. . .	. . .	. . .
PE(length-1, 0)	PE(length-1, 1)	PE(length-1, 2)	. . .	PE(length-1, width-1)

Hier ist die absolute Positionsnummer des ersten Prozessors gleich (0,0) und die des letzten gleich (length-1, width-1).

Als spezielle Definition von Transfer-Funktionen können anstelle von Variablen auch ganzzahlige Konstanten als Dimensionsbezeichner verwendet werden. Der Definitionsbereich solch einer Teildefinition erstreckt sich dann nur auf die Prozessor-Elemente mit gleicher Identifikationsnummer. Mit Hilfe dieser eingeschränkten Definition lassen sich auch inhomogene Netzwerke beschreiben. Generell kann **jede beliebige Netzwerkstruktur** auf diese Weise in Parallaxis spezifiziert werden.

Beispiel 5.2: *Inhomogene Transfer-Funktion*

```
next:  unstructured[4,17]  →  unstructured[21,3].last;
```

5.4 Strukturierte Transfer-Funktionen

Um auch komplexe Verbindungsstrukturen spezifizieren zu können, oder um eine komplexe Struktur einfacher beschreiben zu können, gibt es die strukturierten Transfer-Funktionen. Sie können aus mehreren partiellen Funktionen zusammengesetzt sein und können anstelle von unterschiedlichen Port-Namen auch parametrisierte Namen enthalten, um eine Datenübermittlungs-Richtung über einen Index anzugeben.

5.4.1   Zusammengesetzte Transfer-Funktionen

Zur Spezifikation von komplexen Verbindungsstrukturen, wie der unten beschriebenen Baum-Topologie, kann die Transfer-Funktion aus mehreren partiellen Funktionen zusammengesetzt werden. Der Angabe des Funktionsabbildes geht dabei jeweils eine logische Diskriminante voraus, welche abhängig von der aktuellen Identifikationsnummer eines PEs die nachfolgende Nachbar-Spezifikation auswählt oder verhindert.

Beispiel 5.3: *Diskriminante*

```
configuration  line [100];
connection  next: line[i]  →  {odd(i)}    line[i+1],
                              {even(i)}   line[i+3];
```

In diesem Beispiel wird jedes ungerade Prozessor-Element mit dem nächstfolgenden verbunden, während jedes gerade mit dem dritt-nächsten Element verbunden wird. Es entsteht hierdurch ein shuffle-artiges Muster. Gerade bei dieser Art der Spezifikation muß allerdings besonders auf die Korrektheit der logischen Diskriminanten geachtet werden, da sonst unerwünschte Topologien entstehen können.

Falls für ein PE mehrere Diskriminanten erfüllt sind, wird nur die zuerst angegebene Spezifikation ausgewertet (bei Ausgabe einer Warnung durch das System). Jedoch sollte dies bei einer korrekten Topologie-Spezifikation niemals auftreten! Wenn für ein PE keine Diskriminante erfüllt ist, so bleibt dessen Port unbelegt. Dieser Fall ist identisch mit dem im obigen Beispiel des zwei-dimensionalen Feldes auftretenden Rand, wo einige PE-Ports keine Nachbarn besitzen.

5.4.2 Parametrisierte Transfer-Funktionen

Um extrem regelmäßige Topologien einfacher verwenden zu können, kann anstelle von verschiedenen Portnamen auch ein einziger parametrisierter Name verwendet werden. Von dieser Möglichkeit wird im nächsten Abschnitt am Beispiel einer Hypercube-Topologie Gebrauch gemacht. Da hier alle Verbindungs-Funktionen bis auf die jeweilige Dimension identisch sind, liegt es nahe sie schlicht durchzunumerieren, da sich keine mnemonischen Namen anbieten. Im Anweisungsteil braucht dann nicht der Name der Datenübertragungs-Richtung angegeben werden, sondern diese Richtung (oder Dimension, je nach Sichtweise) kann im Anweisungsteil selbst berechnet werden. Ein Anwendungsbeispiel folgt im Abschnitt 5.5.8 .

5.5 Komplexe Verbindungsstrukturen

Verbindungsstrukturen für Parallelrechner stellen bereits seit längerer Zeit ein aktuelles Forschungsgebiet dar. Ich möchte hier nur die Klasse von Verbindungsstrukturen in Betracht ziehen, bei denen eine Verbindungsleitung mit je genau zwei Rechnerknoten inzident ist. Dies schließt all diejenigen Strukturen aus, bei denen Verbindungsleitungen auch in Punkten zusammentreffen können, die keine Rechnerknoten sind. Verbindungsstrukturen die in diese nicht behandelte Klasse fallen sind zum Beispiel alle Bus-artigen Strukturen. Dort muß ein Datenpaket (eine Nachricht) außer dem reinen Informationsgehalt noch zusätzlich Angaben über Absender und Empfänger erhalten, da diese Information sonst nicht abgeleitet werden kann. Besondere Protokolle und Mechanismen müssen angewandt werden, um ein gleichzeitiges Senden mehrerer Rechner im Netzwerk zu verhindern, beziehungsweise in geeigneter Weise auf dieses Problem zu reagieren (z.Bsp.: CSMA / CD carrier sense multiple access, collision detection). In dieser Netzwerkklasse ist nämlich nur ein serieller Zugriff auf das Verbindungsnetzwerk möglich, das aber wiederum recht einfach (mit geringen Kosten) aufgebaut werden kann.

Die Auswertung der Eigenschaften dieser Netzwerkklasse zeigt, daß sie für die Parallelverarbeitung völlig ungeeignet ist. Denn die parallelen Rechnerknoten sollen nicht nur lokale Berechnungen gleichzeitig ausführen, sondern auch einen parallelen Datenaustausch untereinander bewerkstelligen können. Die Serialisierung des Datenaustauschs würde den "Flaschenhals" des von-Neumannschen Rechnermodells wieder einführen, den man durch die Parallelisierung zu vermeiden sucht. Es besteht daher keine Möglichkeit für den Einsatz einer solchen Netzwerkstruktur, es sei denn für Simulationen bei denen die Effizienz der Ausführung nicht das wichtigste Kriterium ist.

Die Klasse von Verbindungsstrukturen für Parallelrechner, auf die ich in diesem Abschnitt näher eingehen möchte, kann mathematisch-funktional leicht beschrieben werden, wie es bereits durch die Syntax und Semantik der `configuration` und `connection` Spezifikationen dargestellt wurde. Da alle parallelen Rechnerknoten vollkommen identisch aufgebaut sind, besitzt auch jeder die gleiche Anzahl von Verbindungen (auf niederer Ebene *Ports* genannt) zu Nachbarrechnern. Jede Verbindungsleitung ist durch den Start-Rechnerknoten und den Ziel-Rechnerknoten eindeutig definiert. Je regelmäßiger die Struktur ist, das heißt je mehr Rechnerknoten Verbindungen haben, deren relative Zieladressen identisch sind, um so einfacher wird die funktionale Spezifikation in Parallaxis ausfallen. Ausgehend von einfachen Strukturen wie linearer Kette und Ring können mehrdimensionale Topologien konstruiert werden, wie beispielsweise das zwei-dimensionale Gitter (offen oder zum Torus geschlossen), das bei höherer Dimension in einen Würfel, oder allgemein in einen Hypercube übergeht. Andere Topologien sind zum Beispiel Baum, Perfect Shuffle oder vollständiger Graph; eine neuere Übersicht wurde von Raabe et al. erstellt [Raa88]. Das Ergebnis eines solchen Vergleichs unterschiedlicher Netzwerksstrukturen kann einfach zusammengefaßt werden:

<table>
<tr><td>1.</td><td>Jede Netzwerkstruktur hat Topologie-spezifische Vorteile und Nachteile gegenüber anderen.</td></tr>
<tr><td>2.</td><td>Es existiert daher keine allgemein "optimale" Netzstruktur. Die am besten geeignete Wahl ist immer im Hinblick auf die geplante Anwendung zu treffen.</td></tr>
</table>

Als Illustration dieser Aussage, möchte ich Vor- und Nachteile der Ringstruktur mit denen eines vollständigen Graphen mit jeweils n Rechnerknoten vergleichen:

	Ring		Vollständiger Graph
+	Benötigt nur 2 Ein-/ Ausgänge je Rechnerknoten	-	Benötigt n-1 Ein-/ Ausgänge je Rechnerknoten
+	Für das Netzwerk werden nur n Leitungen benötigt	-	Für das Netzwerk werden $n^2 - n$ Leitungen benötigt
-	Nachricht benötigt maximal n/2 Stationen	+	Nachricht benötigt immer nur einen Schritt

Es zeigt sich, daß die Ringstruktur eine sehr einfache (kostengünstige) Struktur ist, was jedoch auf Kosten der Leistung, hier des Datendurchsatzes des Netzwerkes geht. Genau das andere Extrem ist der vollständige Graph; dem sehr teuren Netzaufbau steht die bestmögliche Leistung gegenüber. Diese Übersicht kann nun beliebig ergänzt und auf andere Netzwerk-Topologien fortgesetzt werden. Es zeigt sich also, daß die *ideale Lösung* für eine Netzwerk-struktur mit unterschiedlichen Anwendungen ein ***logisch flexibles*** Netzwerk ist. Mit Hilfe der Topologie-Spezifikation von Parallaxis kann entsprechend der Problemstellung eine geeignete Netzwerk-Struktur vorgegeben werden auf die sich der Algorithmus zur Problemlö-sung bezieht. Die logische Verbindungsstruktur wird für den Anwender transparent auf die Struktur des real vorhandenen Netzwerkes abgebildet. Somit stellt sich nur noch die Frage nach einer geeigneten Topologie zur logischen Rekonfiguration. Deren Eigenschaften sollten eine nicht zu große Anzahl von Ein- / Ausgängen je Rechnerknoten (somit geringe Anzahl von Leitungen im Netzwerk) verbunden mit relativ kurzer maximalen Weglänge einer Nachricht (entspricht dem *"Durchmesser"* einer Topologie) sein. Eine Verbindungsstruktur, die für diese Anforderungen geeignet erscheint, ist der **Hypercube**. Dieser wird im Anschluß näher be-handelt.

Wie bei den nachfolgenden Applikationen gezeigt wird, ist es in Parallaxis sehr einfach, selbst komplizierte Verbindungsstrukturen zu spezifizieren. Im Anschluß ist jeder typischen Topologie ein Abschnitt gewidmet. Nach der Diskussion der jeweiligen Netzwerkstruktur folgt eine Abbildung der Topologie und deren Deklaration in Parallaxis.

5.5.1   Torus

Aus einem zwei-dimensionalen und zu allen Seiten offenen Gitter entsteht ein Torus (d.h. ein Gitter mit "wrap-around"), indem man die ins "Leere gehenden" PE-Verbindungen links und rechts, sowie oben und unten miteinander verbindet. Dies ist in Parallaxis durch Ein-fügen des modulo-Operators mit den Gittergrenzen bei den Transfer-Funktionen der `connec-tion` Spezifikation sehr leicht und verständlich möglich.

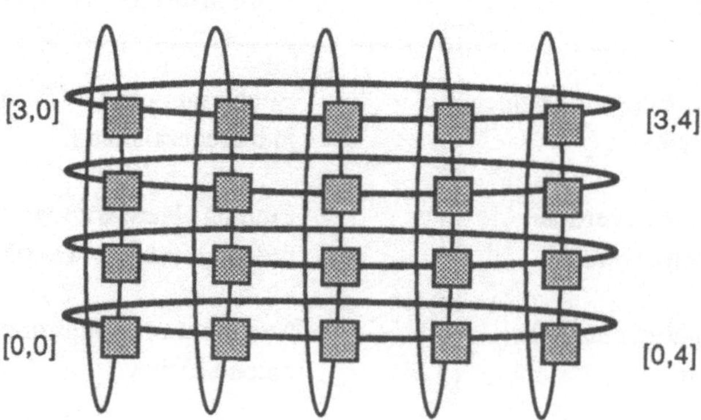

```
CONFIGURATION   torus [0..3],[0..4];
CONNECTION        right: torus[i,j]  →  torus[i, (j+1) mod 5].left;
                  left : torus[i,j]  →  torus[i, (j-1) mod 5].right;
                  up   : torus[i,j]  →  torus[(i+1) mod 4, j].down;
                  down : torus[i,j]  →  torus[(i-1) mod 4, j].up;
```

Abbildung 5.3: Torus

5.5.2   Hexagonales Gitter

Für ein hexagonales Gitter genügen die sechs Abbildungs-Funktionen in den Richtungen: links, rechts, oben-links, oben-rechts, unten-links, unten-rechts. Zu beachten ist hierbei, daß sich bei den Abbildungen nach oben und unten nicht nur der erste (Zeilen-) Index ändert, sondern in bestimmten Fällen auch der zweite (Spalten-) Index angeglichen werden muß. Ausgehend von einer geraden Zeile (0, 2, 4, . . .) in Richtung oben-rechts und unten-rechts ändert sich der Spalten-Index um +1, während sich ausgehend von einer ungeraden Zeile (1, 3, 5, . . .) in Richtung oben-links und unten-links der Spalten-Index um -1 verändert. Dem ist in den Abbildungs-Funktionen wiederum mit Hilfe der modulo-Funktion Rechnung getragen worden.

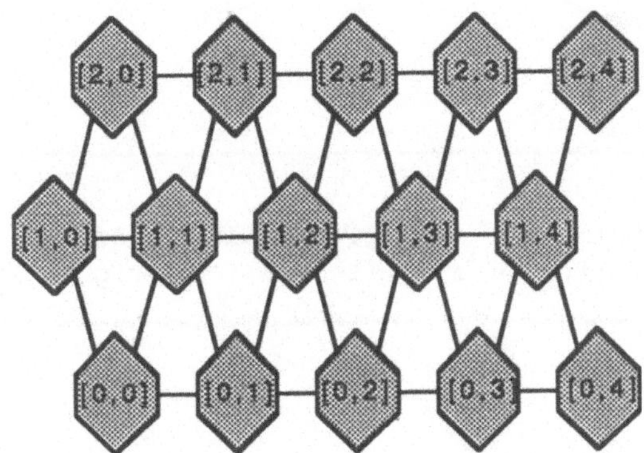


```
CONFIGURATION   hexa [3],[5];
CONNECTION        right : hexa[i,j]  →  hexa[i  , j+1].left;
                  left  : hexa[i,j]  →  hexa[i  , j-1].right;
                  up_l  : hexa[i,j]  →  hexa[i+1, j - i mod 2].down_r;
                  down_l: hexa[i,j]  →  hexa[i-1, j - i mod 2].up_r;
                  up_r  : hexa[i,j]  →  hexa[i+1, j+1 - i mod 2].down_l;
                  down_r: hexa[i,j]  →  hexa[i-1, j+1 - i mod 2].up_l;
```

Abbildung 5.4: Hexagonales Gitter

5.5.3   Ring

Ein Ring von Prozessoren ist sehr einfach zu spezifizieren: Es benötigt hier nur die Richtungen links und rechts, entsprechend +1 und -1 in der ein-dimensionalen Prozessoranordnung. Die Verwendung des modulo-Operators beschränkt die Abbildungsmenge auf die Werte 0 .. PE_Anzahl - 1 und schließt somit den Kreis. Verzichtet man auf die modulo-Operatoren in den beiden Transfer-Funktionen, so entsteht eine lineare Liste von PEs, welche nach links und rechts offen ist. Der in der Abbildung gezeigt Ring ist bidirektional. Für einen unidirektionalen Ring genügt eine einzige Transfer-Funktion.

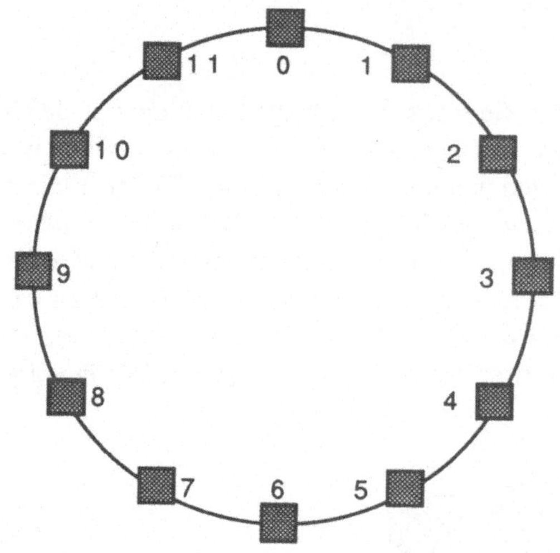


```
CONFIGURATION   ring[12];
CONNECTION      right: ring[i]   →   ring[(i+1) mod 12].left;
                left : ring[i]   →   ring[(i-1) mod 12].right;
```

Abbildung 5.5: Ringstruktur

5.5.4   Vollständiger Graph

Ein vollständiger Graph mit n Knoten (hier: Prozessoren) besitzt $n*(n-1) = n^2 - n$ Kanten (hier: Verbindungen). Jedes PE besitzt n-1 Ports und kann direkt mit jedem anderen PE kommunizieren, ohne irgendwelche Zwischenschritte in Kauf nehmen zu müssen. Die Kosten für diese Systemstruktur wächst allerdings quadratisch mit der Zahl der Prozessoren. Die Deklaration in Parallaxis ist einfach und übersichtlich.

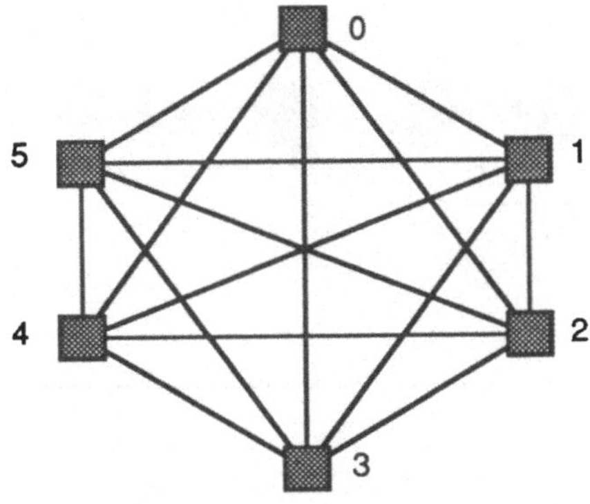

```
CONFIGURATION   K6   [0..5];
CONNECTION      d1: K6[i]   →   K6[(i+1) mod 6].d5;
                d2: K6[i]   →   K6[(i+2) mod 6].d4;
                d3: K6[i]   →   K6[(i+3) mod 6].d3;
                d4: K6[i]   →   K6[(i+4) mod 6].d2;
                d5: K6[i]   →   K6[(i+5) mod 6].d1:
```

Abbildung 5.6: *Vollständiger Graph*

5.5.5   Perfect Shuffle

Ein "Perfect Shuffle"-Netzwerk besteht aus 2^n Prozessoren mit zwei unterschiedlichen
Verbindungsstrukturen. Die erste Struktur (und entsprechend auch die zugehörigen PE-Ports)
ist bidirektional und wird *exchange* genannt. Dabei tauschen alle geraden Elemente Daten mit
den ungeraden aus, wobei immer benachbarte Paare sowohl senden als auch empfangen. Mit
der binär ausgeschrieben Identifikationsnummer eines PEs ergibt sich folgende Abbildungs-
vorschrift für ein beliebiges PE durch Negation des niederwertigsten Bits:

$$(b_{n-1}, b_{n-2}, \ldots, b_1, b_0) \quad \rightarrow \quad (b_{n-1}, b_{n-2}, \ldots, b_1, \overline{b_0})$$

Die zweite Struktur, *shuffle*, ist unidirektional und verbindet Elemente in aufsteigender
und absteigender Reihenfolge. Bei der Binärdarstellung der Id-Nr. eines PEs entspricht diese
Verbindung einer Rotation nach links:

$$(b_{n-1}, b_{n-2}, \ldots, b_1, b_0) \quad \rightarrow \quad (b_{n-2}, \ldots, b_1, b_0, b_{n-1})$$

In Parallaxis wurde diese Topologie ohne die Verwendung von booleschen Operatoren
spezifiziert. Stattdessen genügt hier das Konstrukt der zusammengesetzten Transfer-Funktion
in Verbindung mit dem modulo-Operator.

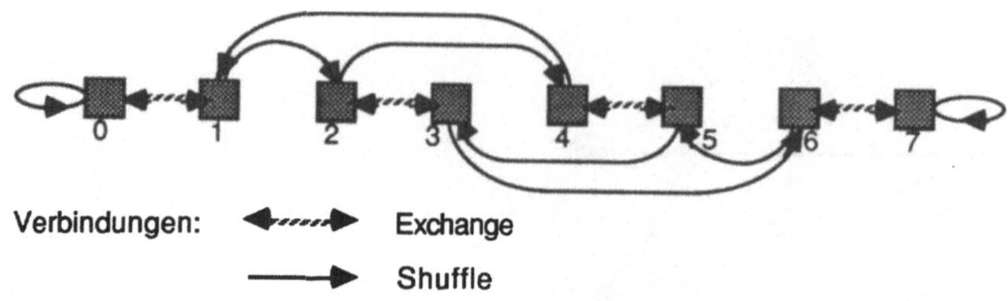


```
CONFIGURATION psn [8];
CONNECTION exch    : psn[i] → {even(i)}  psn[i+1].exch,
                              {odd(i)}   psn[i-1].exch;
           shuffle: psn[i] → {i<4}       psn[2*i].shuffle,
                              {i>=4}      psn[(2*i+1) mod 8].shuffle;
```

Abbildung 5.7: *Perfect Shuffle Netzwerk*

5.5.6   Binärer Baum

Beim Binärbaum wurden der id-Bereich $1 .. 2^k - 1$ gewählt, da so die Operationen für Aufsteigen und Absteigen im Baum leichter ausfallen. Die Wurzel erhält die Nummer 1. Dann hat der linke Sohn eines beliebigen Baumknotens jeweils die doppelte Identitätsnummer (id_no) des Vaters, während der rechte Sohn das doppelte plus eins besitzt. Nicht ganz so einfach ist die Definition der Vater-Abbildung, wobei die Auswahl des Prozessors nicht das Problem darstellt (id_no geteilt durch zwei, mit eventuellem Abrunden), wohl aber das Bestimmen des richtigen Ports. Dieser kann nur aus der id_no des Sohnes abgeleitet werden und führt zu einer zusammengesetzten Abbildungsfunktion. Es genügt jedoch festzustellen, ob die Knotennummer gerade oder ungerade ist, um zu wissen, ob es sich bei einem Knoten um den linken oder den rechten Sohn handelt. Nun kann die Transfer-Funktion aus zwei Teilen zusammengesetzt werden (allgemein sind beliebig viele Teile möglich). Der erste Teil der father Funktion hat die Einschränkung "even(i)" und gilt daher nur für alle geraden Knoten, das heißt nur für alle "linken Söhne". Diese werden entsprechend mit dem linken Sohn-Port des Vaters verbunden. Alle ungeraden Knoten ("odd(i)", das sind die rechten Söhne) werden im zweiten Teil der zusammengesetzten Transfer-Funktion mit dem rechten Sohn-Port des Vaters verbunden.

Treffen mehrere Auswahlkriterien einer zusammengesetzten Transfer-Funktion gleichzeitig zu, so liegt ein Fehlerfall vor (siehe Abschnitt 5.6). Das Parallaxis-System wird hier eine Warnung ausgeben. Trifft keines der Auswahlkriterien zu, so ist für diesen Port des behandelten PEs keine Verbindung vorgesehen; eine Nachricht in diese Richtung erzielt keinerlei Wirkung.

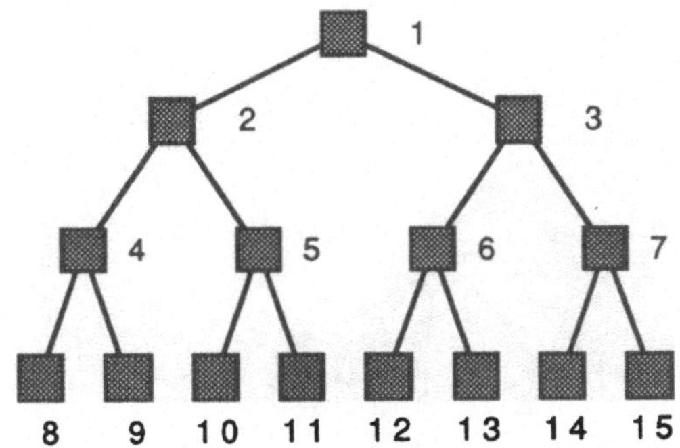

```
CONFIGURATION   tree [1..15];
CONNECTION      son_l : tree[i]  →   tree[2*i].father;
                son_r : tree[i]  →   tree[2*i + 1].father;
                father: tree[i]  →   {even(i)} tree[i div 2].son_l,
                                     {odd(i)}  tree[i div 2].son_r;
```

Abbildung 5.8: *Binärer Baum*

5.5.7 Quadtree

Eine Verallgemeinerung des binären Baumes ist der sogenannte *Quadtree*, welcher vier Nachfolger je Baumknoten besitzt. Dieser findet vor allem in der graphischen Datenrepräsentation seinen Einsatz, da mit dieser Strukturierung ein zwei-dimensionales Bild rekursiv in immer kleinere quadratische Felder zerlegt und getrennt bearbeitet werden kann. Ein voller Quadtree der Höhe h besitzt in jeder Ebene i genau 4^i Knoten, das heißt der gesamte Baum besteht aus

$$\sum_{i=0}^{h} 4^i \quad \text{Knoten.}$$

Der in Abbildung 5.9 abgebildete Quadtree hat die Höhe 3 (ein Baum der nur aus der Wurzel besteht soll hier die Höhe 0 haben) und somit insgesamt 85 Knoten. Diese erhielten in der Parallaxis-Spezifikation die Identifikationsnummern 0 bis 84.

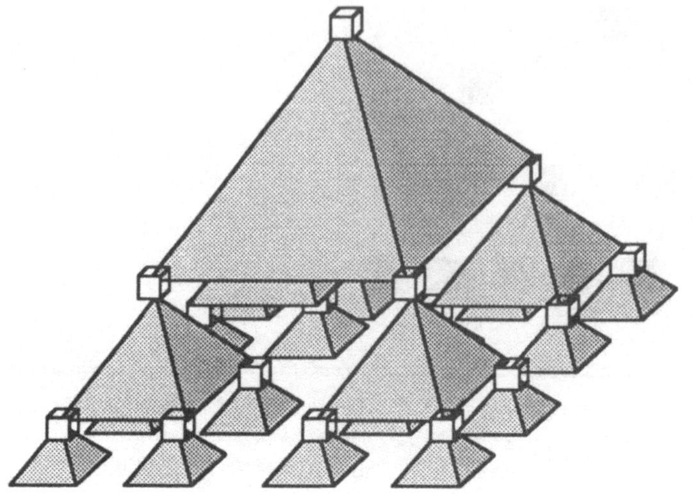

```
CONFIGURATION quad[0..84];
CONNECTION son1  : quad[i]  → quad[4*i+1].father;
           son2  : quad[i]  → quad[4*i+2].father;
           son3  : quad[i]  → quad[4*i+3].father;
           son4  : quad[i]  → quad[4*i+4].father;
           father: quad[i]  → {i mod 4 = 1} quad[i div 4].son1,
                              {i mod 4 = 2} quad[i div 4].son2,
                              {i mod 4 = 3} quad[i div 4].son3,
                              {i mod 4 = 0} quad[(i-4) div 4].son4;
```

Abbildung 5.9: *Quadtree*

Quadtrees werden unter anderem in der Bildverarbeitung eingesetzt (siehe [Hor76]).
Bei dieser Speicherungsstruktur wird ein Bild durch eine Hierarchie von Quadranten repräsentiert. Beim Ab- und Aufsteigen in der Baumstruktur können Bildausschnitte recht einfach in
kleinere Einheiten zerlegt oder miteinander verschmolzen werden.

5.5.8   Hypercube

Der n-dimensionale Hypercube besteht logisch aus einem n-dimensionalen Feld, wobei
jede Dimension nur die Größe zwei hat. Dadurch gibt es für jede Dimension auch nur eine
Abbildungsfunktion (und nicht zwei, wie zum Beispiel beim Gitter). Hier wurde noch von
einer zusätzlichen Strukturierungshilfe Gebrauch gemacht: Alle Transfer-Funktionen haben
verschiedene Namen, sie können jedoch auch parametrisiert sein, was bei hochgradig symmetrischen Strukturen wie gerade dem Hypercube eine programmtechnische Erleichterung darstellt.

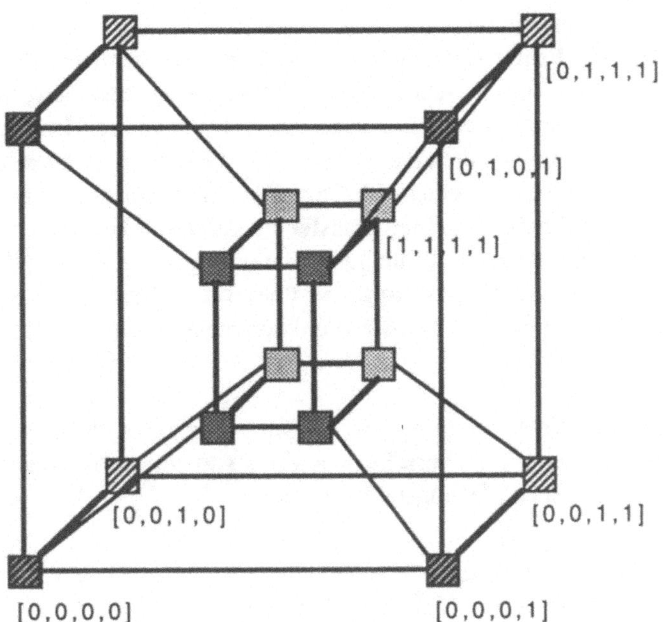


```
CONFIGURATION  hyper [2],[2],[2],[2];
CONNECTION        go(1): hyper[i,j,k,l]  →
                         hyper[(i+1) mod 2, j, k, l].go(1);
                  go(2): hyper[i,j,k,l]  →
                         hyper[i, (j+1) mod 2, k, l].go(2);
                  go(3): hyper[i,j,k,l]  →
                         hyper[i, j, (k+1) mod 2, l].go(3);
                  go(4): hyper[i,j,k,l]  →
                         hyper[i, j, k, (l+1) mod 2].go(4);
```

Abbildung 5.10: *Hypercube*

5.6 Semantische Prüfung von Topologien

Die logische Topologie des parallelen Netzes wird durch die Hardware-Spezifikation
festgelegt. Was geschieht jedoch, wenn diese Topologie fehlerhaft ist? Welche unregelmäßigen
Fälle auftreten können und welche Situationen eindeutig als Fehler zu erkennen sind, zeigt folgende Übersicht:

- Der Ausgangs-Port eines PE besitzt zwei oder mehr Nachbarn
- Der Ausgangs-Port eines PE besitzt keinen Nachbarn
- Der Eingangs-Port eines PE besitzt zwei oder mehr Nachbarn
- Der Eingangs-Port eines PE besitzt keinen Nachbarn

Der Fall, daß ein Port (Eingang oder Ausgang) keinen Nachbarn besitzt, wurde schon zuvor behandelt. Hier liegt kein Fehler vor, sondern diese Ports sind schlicht nicht belegt. Anders sieht es allerdings aus, wenn ein Ausgangsport zwei Nachfolger, beziehungsweise ein Eingangsport zwei Vorgänger besitzt. Der erste Fall kann jedoch bei einer regulären Spezifikation niemals eintreten. Da die Topologie durch die `connection` Definition *funktional* spezifiziert wird, existiert höchstens ein Bild zu einem PE-Port. Diese Eindeutigkeit kann bei der zusammengesetzten Transfer-Funktion oder einer Transfer-Funktion mit konstanten Parametern allerdings nicht garantiert werden. Die Einhaltung dieser Regel kann jedoch bei jeder beliebigen Netzwerkspezifikation zur Übersetzungszeit überprüft werden. Gibt es bei der Fallunterscheidung einer zusammengesetzten Transfer-Funktion mehrere zutreffende Diskriminanten, so wird dies als Fehler angezeigt.

Es bleibt also nur noch ein Fehlerfall übrig: Der Eingangs-Port eines PE besitzt mehrere Vorgänger. Dies tritt immer dann ein, wenn verschiedene Ports von einem PE, oder beliebige Ports von mehreren PEs auf das gleiche Ziel abgebildet werden.

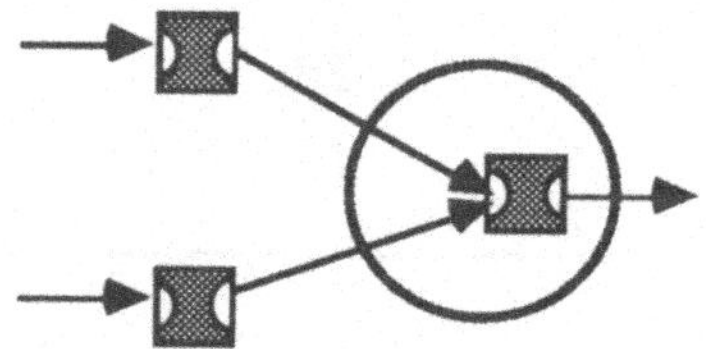

Abbildung 5.11: *Beispiel einer fehlerhaften connection Spezifikation*

Dieser Fehlerfall kann jedoch zur Übersetzungszeit nach Verarbeitung der gesamten Topologie-Spezifikation erkannt werden und mit einer entsprechenden Fehlermeldung dem Benutzer zur Kenntnis gebracht werden. Der Compiler legt dazu für jeden Port jedes PEs einen Speicherplatz an, in dem vermerkt wird, ob bereits ein anderer Port an diesen angeschlossen ist. Da alle Verbindungen 1:1 sind, genügt zur Speicherung ein einziges Bit je Port und PE. Nun wird jede der Transfer-Funktionen für jedes Prozessor-Element symbolisch ausgeführt und der entsprechende Ziel-Port markiert. Diese semantische Prüfung kann mehrere Integritätsbedingungen gleichzeitig und ohne Mehraufwand überwachen :

- Erkennung von fehlerhaften Verbindungsspezifikationen
  (ein Port besitzt mehr als eine Verbindung; Ausgabe einer Fehlermeldung)
- Erkennung von mehrdeutigen Transfer-Funktionen
  (tritt bei strukturierten Transfer-Funktionen auf; Ausgabe einer Warnung)
- Erkennung von nicht verbundenen Ports
  (tritt bei vielen Topologien gewollt auf;
  Ausgabe der Liste aller Ports ohne Nachbarn)

Die Möglichkeit, Topologie-Spezifikationen auf ihre Konsistenz zu prüfen, bedeutet eine erhebliche Hilfe beim Debugging, die bei zunehmender Komplexität der topologischen Struktur vermehrt an Bedeutung gewinnt.

5.7 Erweiterungen der Spezifikation

In diesem Kapitel wurde der erste Teil des Ansatzes zur kombinierten Spezifikation von paralleler Hardwarestruktur und parallelem Algorithmus vorgestellt, welche direkt aufeinander aufbauen und voneinander abhängig sind. Deshalb ist eine gemeinsame Definition die beste Möglichkeit, um diese gegenseitige Abhängigkeit zu dokumentieren und um parallele, im allgemeinen **topologie-abhängige** Algorithmen verständlicher zu machen und Änderungen zu vereinfachen.

Das Konzept der funktionalen Topologie-Spezifikation wird um die beiden folgenden, graphisch orientierten Werkzeuge ergänzt (siehe auch Abschnitt 10.5), wobei zur Zeit nur Werkzeug *a* implementiert ist:

a) *Wiedergabe der durch Transfer-Funktionen spezifizierten Hardware-Topologie durch eine graphische Darstellung*
Gemäß den Angaben der Transfer-Funktionen erzeugt ein separates Debugging-Tool eine graphische Darstellung der Architektur des Prozessor-Netzwerkes oder eines Ausschnittes (mit gleichem Informationsgehalt bei einem regelmäßigem Muster) davon. Die graphische Darstellung kann interaktiv durch den Benutzer angepaßt werden; hierzu dient die Abbildung eines exemplarischen PEs.

Die automatisch generierte Darstellung entspricht dabei ungefähr den hier gezeigten Abbildungen zur Verdeutlichung von Topologie-Beispielen.

b) *Spezifikation der Hardwarestruktur (Topologie) durch die Eingabe von graphischen Symbolen*
Um die Idee aus Punkt a) noch weiterzuführen soll die gewünschte Hardwarestruktur vom Anwender statt durch die Angabe von mathematischen Funktionen direkt mittels eines Graphik-Editor Tools konstruiert werden können. Dabei treten unter anderem Probleme bei der gemeinsamen Repräsentation Topologie / Algorithmus auf, da einerseits Graphik und andererseits eine textuelle Darstellung gewählt wurde.

Eine konzeptionelle Erweiterungsmöglichkeit wäre die Zulassung von 1:n Verbindungen (**Broadcast**). Diese können auch in der vorhandenen Syntax bereits spezifiziert und von Parallaxis in die Zwischensprache übersetzt werden; bei der Übersetzung wird jedoch vom Compiler eine Warnung gemeldet. Diese Art der Verbindung wäre für verschiedene Anwendungsfälle von Interesse, da beim parallelen Datenaustausch Nachrichten ohne zusätzlichen Zeitaufwand vervielfältigt werden können. Eine effiziente Umsetzung dieser Erweiterung ist allerdings von den Verbindungsmöglichkeiten der real zugrundeliegenden Hardware abhängig. Besteht hierbei keine Broadcast-Möglichkeit, so muß dieses Konzept in der n-fachen Zeit emuliert werden.

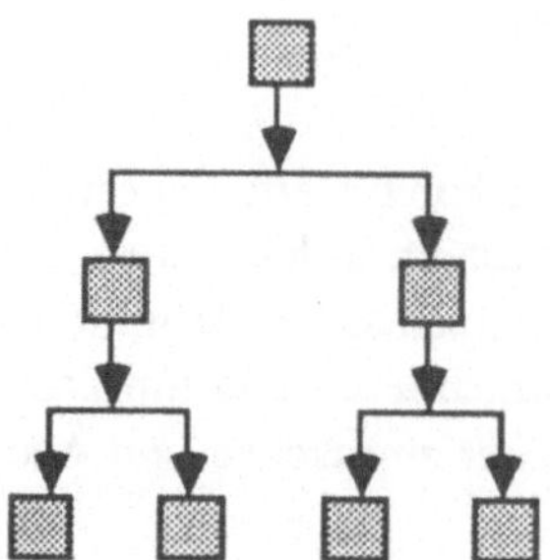

Abbildung 5.12: *1:n Verbindungsstruktur*

Eine weitere Erweiterung des Verbindungs-Konzeptes auf eine n:1 oder gar n:n Struktur ist prinzipiell ausgeschlossen, da sonst Kollisionen von Nachrichten beim kollektiven Datenaustausch entstehen, die vom System nicht aufgelöst werden können.

Die Weiterführung der beim Hypercube (Abschnitt 5.5.8) angewandten parametrisierten Transfer-Funktion könnte eine *Parametrisierung über Transfer-Funktionen* erlauben. Damit könnten höhere Symmetrien in Netzwerken (wie beim vollständigen Graphen, Abschnitt 5.5.4) besser ausgenutzt und wesentlich prägnanter dargestellt werden. Die Verbindungsspezifikation eines beliebig großen vollständigen Graphen kann hiermit auf nur eine Zeile reduziert werden:

```
CONFIGURATION  K [m];
CONNECTION  FOREACH  n IN {1..m-1}  DEFINE
          d(n): K[i]  →  K[(i+n) mod m]. d(m-n);
```

6. Konzepte der Parallelverarbeitung

Aufbauend auf der Spezifikation der Rechnerarchitektur im vorangehenden Kapitel werden nun Sprachkonstrukte vorgestellt, die auf die so festgelegte Struktur eines SIMD-Rechners, insbesondere dessen topologische Verbindungsstruktur, Bezug nehmen. Dies sind die Konstrukte zur Formulierung eines parallelen Anweisungsblocks, bei dem auch eine Selektion von Prozessoren stattfinden kann, sowie der parallele synchrone Datenaustausch einer selektierten Gruppe von Prozessoren. Außer den Verfahren zur expliziten Selektion beim parallelen Block findet bei jeder Programm-Verzweigung oder -Schleife eine implizite Prozessor-Selektion für die Dauer der betroffenen Anweisungsfolge statt. Mit Hilfe der Operation zur Datenreduktion und einer zweistelligen Funktion kann ein auf den parallelen Prozessoren verteilter Datenvektor auf einen skalaren Wert reduziert werden. Ein ausführliches Beispiel zeigt das Zusammenspiel von Prozessoren in einer Ringstruktur beim parallelen Datenaustausch. Da immer Sender und Empfänger einer Nachricht aktiv sein müssen, benötigt man in bestimmten Fällen die Programmiertechnik "propagate splitting", um die Auswahlmenge von Prozessoren flexibler bestimmen zu können.

Die für Parallaxis gewählten Parallelverarbeitungs-Konstrukte wurden gemäß dem SIMD-Maschinenmodell ausgewählt. Da die einzelnen Prozessoren nicht eigenständig Programme ausführen können, sondern immer von einem zentralen Steuerrechner koordiniert werden, ergäbe es bei diesem Modell keinen Sinn, Konstrukte für eigenständige Prozesse einzuführen. Diese müßten mit einem höheren Aufwand simuliert werden, als der Parallelitätsgewinn ausmacht. Alle sequentiellen Kontrollstrukturen, wie Zuweisung, Schleife, Auswahl, usw., wurden komplett von Modula-2, [Wir83], übernommen und werden hier nicht näher behandelt (siehe Sprachbeschreibung in Anhang A).

6.1 Paralleler Anweisungsblock

Wie in Modula-2 werden auch in Parallaxis Anweisungen zu Blöcken zusammengefaßt. Alle komplexen Kontrollstrukturen sind geschlossen, das heißt, sie werden sowohl von einem Schlüsselwort eingeleitet wie auch beendet. Dies gilt zum Beispiel für `repeat_until` oder für `while_do_end` und steht im Gegensatz zur Vorläufer-Programmiersprache Pascal, wo eine komplexe Kontrollstruktur eine einfache Anweisung, oder mehrere zu einem Block (`begin_ end`) zusammengefaßte Anweisungen enthalten konnte. Das Wortsymbol `begin` tritt somit in Modula-2 und Parallaxis nur als Einleitung des Anweisungsteils einer Prozedur oder des Hauptprogramms auf und nicht mehr innerhalb des Anweisungsteils.

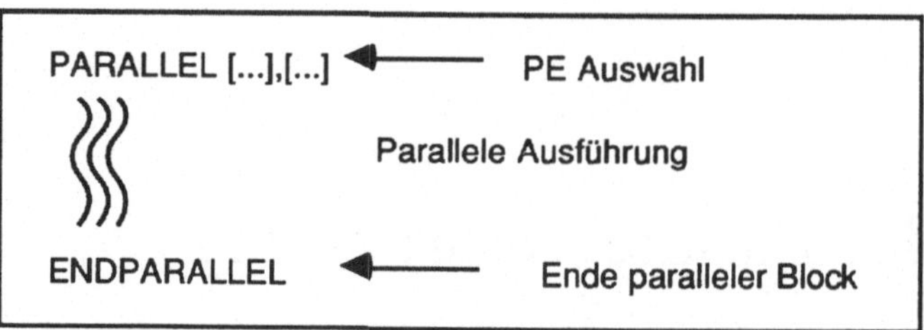

Abbildung 6.1: Parallel-Block in Parallaxis

Zu Beginn eines jeden Anweisungsteils beziehen sich alle Anweisungen per Default auf den Steuerrechner. Eine Anweisungsfolge, die auf den parallelen Prozessor-Einheiten durchgeführt werden soll, wird in die Schlüsselworte `parallel_endparallel` eingeschlossen. Da aus den Variablendeklarationen für den Steuerrechner (`scalar`), beziehungsweise den parallelen Prozessoren (`vector`) die Zuordnung einer Anweisung zu Steuerrechner oder parallelem Netzwerk eindeutig abgeleitet werden kann, ist dieses Programmkonstrukt syntaktisch und semantisch eigentlich redundant. Jedoch ist es unentbehrlich für die Strukturierung und Übersichtlichkeit eines parallelen Programms. Zudem kann optional nach dem Schlüsselwort `parallel` ein Teilbereich der verfügbaren PEs für die parallele Verarbeitung spezifiziert werden. Für jede in der Hardware-Spezifikation definierten Netz-Dimension der PEs (z. B.: [0..15]) können beliebig geartete Teilbereiche (z. B.: [5..12]) oder die Dimension komplett ausgewählt werden (mit: [*]). Fehlen bei dieser Selektion die Daten für eine oder mehrere Dimensionen, so ist dies ein Programmierfehler und wird vom Compiler erkannt. Fehlt die Selektion vollständig, so bezieht sich der `parallel` Block auf **alle** PEs.

<u>Grundsätzlich gilt:</u>

- Auf Vektor-Variablen darf nur innerhalb eines parallelen Blocks zugegriffen werden (Ausnahmen bilden die später behandelten Operationen: `load`, `store` und `reduce`).

- Auf Skalar-Variablen darf außerhalb und innerhalb eines parallel Blocks zugegriffen werden.

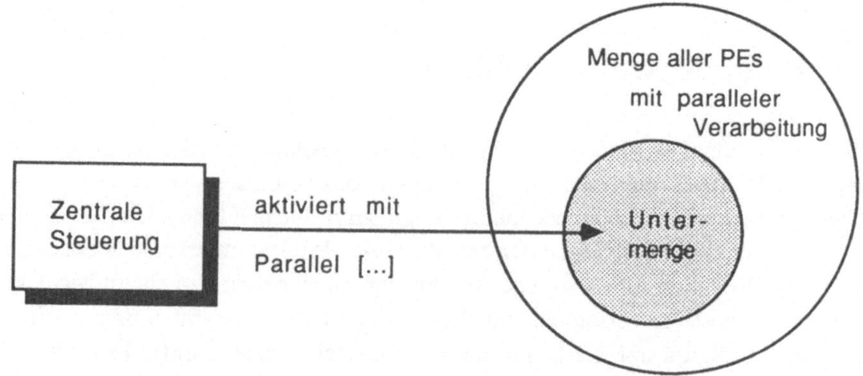

Abbildung 6.2: Auswahl von PEs für eine Teilaufgabe

Wie in Abbildung 6.2 angedeutet, wird die parallele / vektorielle Verarbeitung immer von der zentralen Steuerung aus durchgeführt. Daher wird auch nur ein einziger Kontroll-Stack auf dem Steuerrechner zur Verwaltung der Aktivierungsblöcke bei Prozeduraufrufen benötigt. Hingegen muß sowohl der Steuerrechner, als auch jedes einzelne PE einen eigenen Daten-Stack besitzen, da bei jedem Prozeduraufruf sowohl skalare Daten auf dem Steuerrechner, als auch vektorielle Daten für die PEs angelegt werden können. Eine Schachtelung von `parallel` Blöcken ist nicht erlaubt.

Die Auswahl eines Teilbereiches erfolgt durch die Angabe einer Selektion für jede Dimension der Prozessor-Anordnung. Hierbei ergeben sich mehrere Möglichkeiten:

1. Angabe eines zur Übersetzungszeit feststehenden Teilbereiches

a)	einzelnes Element,	Beispiel:	`[7]`
b)	Teilbereich,	Beispiel:	`[11..23]`
c)	Kombination aus a und b,	Beispiel:	`[7, 11...23, 34..37]`
d)	Menge,	Beispiel:	`[{2, 4, 6, 8, 10..15}]`
e)	Konstanter Ausdruck,	Beispiel:	`[ odd(dim2) ]`

(`dim<i>` bezeichnet die für jedes einzelne PE feststehende Ordnungsnummer in der i-ten Dimension der Netzwerkstruktur)

2. Angabe eines zur Laufzeit zu berechnenden Ausdruckes

a)	Mengenbezeichner	Beispiel:	`[ Menge_xyz ]`
b)	Beliebiger Ausdruck	Beispiel:	`[ dim2 mod k = 0 ]`

Je nachdem, ob alle Selektionsausdrücke zur Übersetzungszeit feststehen, oder ob ein oder mehrere Ausdrücke erst zur Laufzeit berechnet werden können, wird vom Compiler entsprechender Code erzeugt. Bei feststehenden Ausdrücken ist eine effizientere Umsetzung in die Zwischensprache möglich.

6.2 Kollektiver Datenaustausch

Bis jetzt wurden zwar Verbindungsstrukturen zwischen den Prozessoren spezifiziert, jedoch noch keinerlei Operationen, die darauf arbeiten. Es genügt hier eine einzige Operation, die `propagate` genannt wird. Sie darf nur innerhalb eines `parallel` Blocks auftreten (siehe Abschnitt 6.1) und tauscht jeweils nur den Wert einer Variablen (Puffer-Variable) beliebigen Typs aus. Durch die Verwendung von strukturierten Variablen kann jede beliebige Nachrichtenstruktur gebildet werden.

Durch die Forderung, die `propagate` Operation nur in einem parallelen Block zuzulassen, folgt, daß an einem Datenaustausch in der Regel mehrere, wenn nicht sogar alle der parallelen Prozessoren teilnehmen. Es handelt sich dementsprechend nicht um einen individuellen Nachrichtenaustausch mit einem auf genau einen Sender und einen Empfänger abgestimmten Protokoll, sondern es findet vielmehr ein paralleler, oder kollektiver Datenaustausch zwischen den im parallelen Block angesprochenen (= *aktiven*) Elementen statt. Die Durchführung einer `propagate` Operation läßt sich in zwei Schritten darstellen:

1. *Senden*
   Jeder aktive Prozessor sendet seine lokale Variable als Nachricht in das Netzwerk.

2. *Empfangen*
   Jeder aktive Prozessor empfängt eine Nachricht aus dem Netzwerk als neuen Variablenwert.

Beim kollektiven Datenaustausch wird kein Adressat für die zu sendende Nachricht angegeben. Vielmehr ist durch die Spezifikation des Verbindungsnetzwerks mittels `configuration` und `connection` im Parallaxis-Programm zu jedem Port eines PEs der zugehörige Empfänger einer in dieser Richtung ausgesandten Nachricht eindeutig festgelegt. Die explizite freie Auswahl des Empfängers ist im Kontext des SIMD Maschinenmodells nicht sinnvoll und wird daher in Parallaxis nicht unterstützt. Hingegen gibt es die Möglichkeit, mehrere `propagate` Schritte in die gleiche Richtung in einer Anweisung zusammenzufassen. In Topologien, bei denen die Richtungsangabe einer Nachricht nicht zur vollständigen Spezifikation von Empfänger-PE und -Port ausreicht, muß zusätzlich zur Sende-Richtung auch noch die Empfangs-Richtung angegeben werden, sonst ist die Anweisung unvollständig.

Anhand eines Beispieles soll nun die Wirkung der `propagate` Anweisung erläutert werden; die formale Definition der Semantik des kollektiven Datenaustausches findet sich in Kapitel 8 wieder. Das Folgende bezieht sich auf die in Abschnitt 5.5.6 vorgestellte Topologie der Verbindungsstruktur eines Binären Baumes. Jeder einzelne Prozessor besitzt bei dieser Konfiguration drei bi-direktionale Ein-/ Ausgänge, die mit `father`, `son_l` und `son_r` bezeichnet werden (siehe Abbildung 6.3).

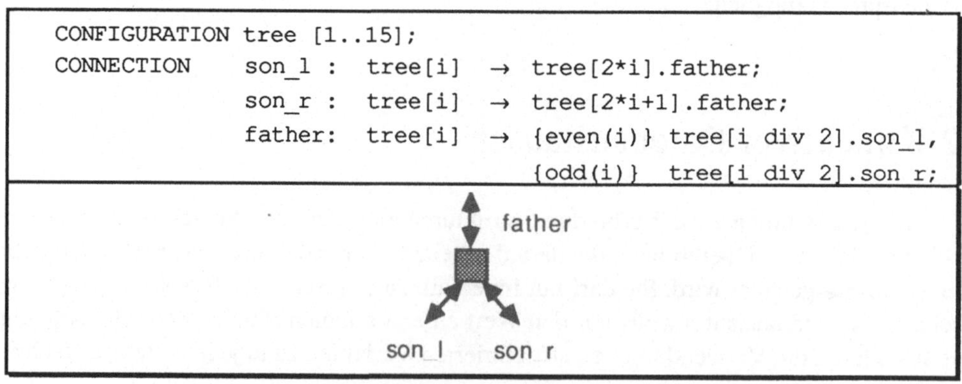

```
CONFIGURATION tree [1..15];
CONNECTION     son_l :  tree[i]  →  tree[2*i].father;
               son_r :  tree[i]  →  tree[2*i+1].father;
               father: tree[i]  →  {even(i)} tree[i div 2].son_l,
                                    {odd(i)}  tree[i div 2].son_r;
```


Abbildung 6.3: *Verbindungs-Spezifikation in Parallaxis und exemplarisches Prozessorelement der Baumstruktur*

Alle PEs sind identisch und führen die Anweisungen innerhalb des `parallel` Blocks gleichzeitig auf ihren lokalen Daten aus. Handelt es sich bei der Anweisung nun um die `propagate` Operation, so sind alle ausgewählten PEs am Datenaustausch beteiligt, welcher paarweise zwischen je genau zwei Prozessoren stattfindet.

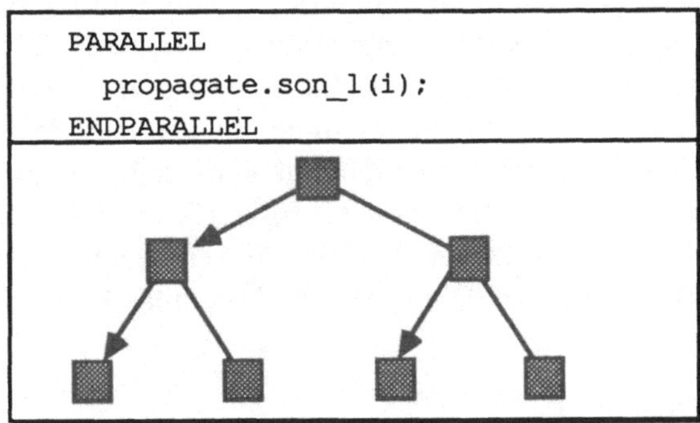

Abbildung 6.4: *Kollektiver Datenaustausch mittels propagate im Binärbaum*

Die Ausführung des kollektiven Datenaustausches in Richtung des jeweils "linken Sohn"-Knotens ist in Abbildung 6.4 als Programm-Fragment und bildhaft dargestellt. Alle Prozessoren sind angesprochen und jeder sendet den Inhalt der Puffervariablen i zu seinem linken Sohn, um anschließend vom Vater-Knoten selbst den neuen Wert für i zu empfangen. Obwohl in der `propagate` Anweisung nur die Sende-Richtung `son_l` angegeben wurde, kann das System aus der Verbindungs-Spezifikation die Empfangs-Richtung `father` eindeutig ableiten. Bei dieser Topologie gibt es eine eindeutige Zuordnung zwischen Sende-Port `son_l` und Empfangs-Port `father`. Obwohl jeder Knoten eine Nachricht aussendet, erhält nicht jeder Knoten eine. Die Knoten mit ungerader Identifikationsnummer sind gerade die "rechten Söhne" und die Wurzel (ID-Nr. 1), die keine Nachrichten enthalten. Andererseits senden die Blatt-Knoten Nachrichten aus, die wirkungslos bleiben, da sie keine Söhne haben.

Ein allgemeiner voller Binärbaum der Höhe i besitzt 2^{i-1} Knoten in jeder Stufe, somit insgesamt $\sum 2^i = 2^i - 1$ Knoten und versendet demnach $2^i - 1$ Nachrichten. Von diesen fallen 2^{i-1} Nachrichten der Blatt-Knoten weg, so daß $2^{i-1} - 1$ verbleiben. Erhalten werden Nachrichten in jeder Ebene von der Hälfte der Knoten, außer der Wurzel, die keine Nachricht erhält. Somit erhalten auch $2^{i-1} - 1$ Knoten eine Nachricht, die Zuordnung ist korrekt.

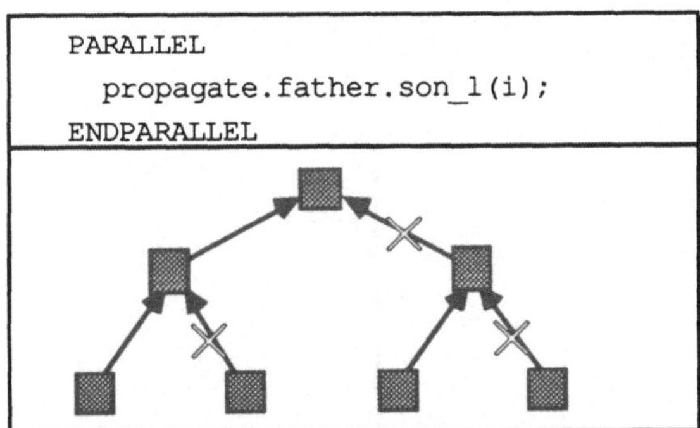

Abbildung 6.5: *Datenaustausch in umgekehrter Richtung*

Komplizierter gestaltet sich der Informationsfluß in umgekehrter Richtung, wie in Abbildung 6.5 angedeutet ist. Die `propagate` Operation gibt als Sende-Richtung `father` an, bei der durch die Verbindungs-Spezifikation in Abbildung 6.3 jedem PE eindeutig ein Empfänger-PE und ein Empfänger-Port zugeordnet ist. Bei der anschließenden Durchführung der Empfangs-Operation ist diese Zuordnung jedoch keineswegs mehr eindeutig. Bei dieser Topologie enthalten die Baumknoten-PEs jeweils zwei Nachrichten, je eine an Port `son_l` und eine an Port `son_r`. Welche Nachricht soll nun verwendet werden um den neuen Wert der Puffer-Variablen `i` zu bestimmen? Da solche Mehrdeutigkeiten topologie-abhängig sind und somit weder verhindert werden können noch sollen (die Baumstruktur soll auch weiterhin möglich sein), muß die Mehrdeutigkeit bei der `propagate` Operation aufgelöst werden. Dies geschieht, wie im Programm-Fragment der Abbildung 6.5, durch Anfügen der Empfangs-Richtung nach der Sende-Richtung, also allgemein:

```
propagate.<senden>.<empfangen> (...)
```

Bei jedem mehrdeutigen parallelen Datenaustausch muß die `propagate` Operation vollständig mit Sende- und Empfangs-Richtung spezifiziert werden. Dies hat zum Effekt, daß nur die am so spezifizierten Port eingehenden Nachrichten beachtet werden, während die an anderen Ports eintreffenden Nachrichten bedeutungslos bleiben (in Abbildung 6.5 mit × durchgestrichen). An einem Port kann andererseits zu jedem gegebenen Zeitpunkt immer nur eine Nachricht eintreffen, da die Konsistenzregeln für das Verbindungs-Netzwerk eine 1:1 Zuordnung zwischen Prozessor-Ports verlangen und deren Einhaltung überprüfen.

6.3 Mehrstufiger Datenaustausch

Die Syntax von Parallaxis erlaubt auch das mehrfache Weiterreichen einer Nachricht, jedoch nur in die gleiche Richtung, da sonst die Schreibweise des Nachrichtenpfades mit der des Sende- und Empfangsports verwechselt werden könnte. Nach Angabe der Senderichtung kann optional das Potenzierungssymbol "^" und ein Vervielfältigungs-Faktor angefügt werden. Falls es sich bei diesem Faktor um eine Konstante handelt, so kann der Compiler dieses Konstrukt effizienter übersetzen, doch auch berechnete, ganzzahlige Ausdrücke sind an dieser Stelle möglich. Semantisch ist der Vervielfältigungs-Operator äquivalent zu einer Schleife, in der die `propagate` Operation entsprechend oft aufgerufen wird.

```
PARALLEL
   propagate.son_l^5 (x)
ENDPARALLEL
```

ist äquivalent zu:

```
SCALAR i: integer;
...
FOR i := 1 TO 5 DO
   PARALLEL
```

```
        propagate.son_l (x)
    ENDPARALLEL
  END;
```

Abbildung 6.6: Mehrstufiges Propagate im Binärbaum

Bei der äquivalenten Umschreibung in Abbildung 6.6 ist es außerdem gleichgültig, ob die Zählschleife mit der skalaren Variablen i innerhalb oder außerhalb des parallelen Blocks liegt; jeder Knoten sendet den Wert der Variablen x als Nachricht an seinen linken Sohn fünf Ebenen tiefer. Die Nachrichten der untersten fünf Baumebenen (die Blattebene ist die unterste) gehen hier verloren, da diese Knoten keine solchen Nachfolger besitzen.

Je nach Beschaffenheit des realen Netzwerkes kann diese Anweisung auch sehr viel effizienter als durch Iteration ausgeführt werden. Hier genügt jedoch die Tatsache, daß es sich um eine abkürzende Schreibweise für mehrmaliges Weiterreichen von Nachrichten in der selben Richtung handelt.

Die `propagate` Anweisung darf auch optional einen zweiten Variablen-Parameter enthalten. In diesem Fall enthält der erste Parameter die zu sendenden Daten, während der zweite Parameter die von außerhalb empfangenen Daten aufnimmt. Dies ermöglicht in vielen Fällen eine übersichtlichere Schreibweise.

```
    propagate.direction (send_var, receive_var);
```
ist äquivalent zu:
```
    receive_var := send_var;
    propagate.direction (receive_var);
```

Abbildung 6.7: Propagate mit zwei Variablen-Parametern

6.4 Datenreduktion

Wie in Kapitel 7 genauer beschrieben wird, können Vektor-Variablen mit einem Array von skalaren Werten vorbesetzt werden (Operation `load`), beziehungsweise die parallel berechneten Werte auf ein skalares Array zurückgebracht werden (Operation `store`). Oftmals wird jedoch nicht die gesamte Informationsmenge benötigt, sondern nur ein einziger daraus abgeleiteter Wert, wie zum Beispiel deren Summe, Produkt, Maximum / Minimum oder eine logische Verknüpfung mit AND / OR.

Für diesen Anwendungsfall gibt es die Reduktions-Operation, welche mit einer der vordefinierten oder einer selbst geschriebenen zweistelligen Funktion zur Datenreduktion eingesetzt werden kann. Ohne diese Operation könnte die Summe eines parallelen Vektors nur sehr aufwendig berechnet werden: Nach Übertragung der **gesamten Daten**, müssten diese sequentiell, das heißt also in Zeit $O(n)$ mit Speicherplatzbedarf $O(n)$ aufaddiert werden. Die

Reduktions-Operation bringt jedoch nicht nur eine vereinfachte und übersichtlichere Schreibweise, sondern bei gewissen Voraussetzungen an die Struktur der parallelen Maschine kann das gewünschte Ergebnis in Zeit $O(\log_2 n)$ berechnet werden. Dies entspricht bei einer baumartigen Verknüpfung der Werte und Zwischenergebnisse genau der Baumhöhe, welche mit der Zahl der Verarbeitungsschritte identisch ist (siehe Abbildung 6.8). Obwohl in jedem Fall n-1 Operationen ausgeführt werden müssen, benötigt die baumartige Verarbeitung weniger Zeit, da hier mehrere Operationen unabhängig voneinander parallel ausgeführt werden können.

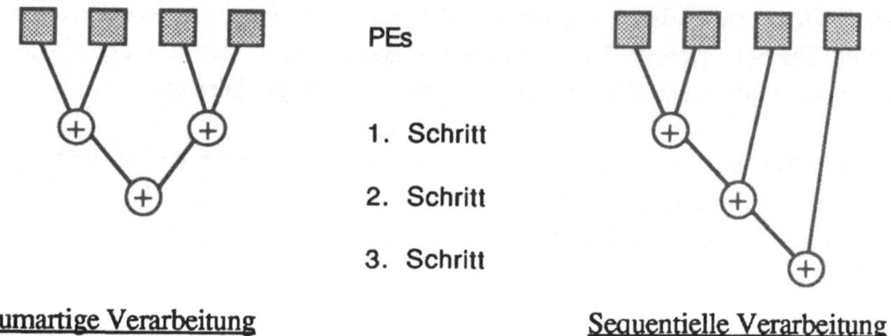

Abbildung 6.8: Optimale baumartige Reduktion gegenüber iterativer Reduktion

Die beiden Programmfragmente in Beispiel 6.1 stellen die Reduktions-Operation und die äquivalente iterative Ausführung in Parallaxis gegenüber. Die Funktion `reduce` bezieht sich immer nur auf die zur Zeit aktiven PEs. Ebenso wie beim `parallel` Block kann auch bei `reduce` zusätzlich ein Teilbereich aller PEs selektiert werden (zur Selektion siehe Abschnitt 6.1).

Beispiel 6.1: Datenreduktion mit und ohne reduce

```
    s := REDUCE.sum (v);
```
ist äquivalent zu:
```
    SCALAR a: ARRAY[1..max_PE] OF integer;
           s: integer;
    VECTOR v: integer;
    ...
    STORE(v,a);   (* lade v nach a *)
    s := 0;
    FOR i:=1 TO max_PE DO
      s := s + a[i];
    END;
```

Die in der folgenden Tabelle zusammengestellten Namen bezeichnen die für die Reduktions-Operation standardmäßig zur Verfügung gestellten Funktionen:

First	Der Wert der Variablen des ersten aktiven PEs wird selektiert.
Last	Der Wert der Variablen des letzten aktiven PEs wird selektiert.
Sum	Die Summe der Variablen aus allen aktiven PEs wird berechnet.
Product	Das Produkt der Variablen aus allen aktiven PEs wird berechnet.
Max	Das Maximum der Variablen aus allen aktiven PEs wird berechnet.
Min	Das Minimum der Variablen aus allen aktiven PEs wird berechnet.
And	Die logische Und-Verknüpfung der Var. aus allen aktiven PEs wird berechnet.
Or	Die logische Oder-Verknüpfung der Var. aus allen aktiven PEs wird berechnet.

Es können jedoch auch selbst definierte Funktionen in Verbindung mit der `reduce` Operation zur Datenreduktion eingesetzt werden, wie in Beispiel 6.2 gezeigt ist. Diese Funktion muß dabei zwei Werteparameter und einen Ergebniswert vom gleichen Typ wie die zu reduzierende Vektor-Variable besitzen. Es sollte jedoch darauf geachtet werden, daß die so definierte Reduktionsfunktion **assoziativ** ist, um Fehler zu vermeiden. Eine Reduktion mit dem Subtraktions-Operator (z. Bsp.: 1 - 2 - 3 - 4 - 5 ...) kann leicht ein unerwartetes Ergebnis liefern!

Beispiel 6.2: *Selbstdefinierte Reduktionsfunktion (exklusives Oder)*

```
PROCEDURE xor(SCALAR a,b: boolean): SCALAR boolean;
BEGIN
   RETURN a<>b
END;

REDUCE.xor (v);
```

Bei der hier vorgestellten Reduktion von Vektorwerten spielt die spezifizierte Verbindungsnetzwerk-Struktur und auch die Anordnung der PEs in Dimensionen keine Rolle. Die Reduktion ist eine recht primitive Operation und behandelt *jede Topologie* gleichermaßen wie eine lineare Liste; Informationen über die Topologie werden hier nicht benötigt.

6.5 Parallelverarbeitung am Beispiel einer Ring-Topologie

Das Zusammenspiel der drei Konzepte zur Spezifikation einer Parallelarchitektur, der parallelen (vektorisierten) Abarbeitung eines prozeduralen Algorithmus und dem gleichzeitigen Datenaustausch mehrerer Prozessoren wird hier beispielhaft für eine Ring-Architektur dargestellt.

Am Anfang des Parallaxis-Programms befindet sich die Hardware- oder Topologie-Spezifikation, auf die der anschließende Algorithmus aufbauen soll. Für dieses Beispiel verwenden wir eine einfache Ring-Struktur. Jedes PE hat zwei Ein-/ Ausgänge und kann Daten an seinen jeweiligen linken oder rechten Nachbarn senden.

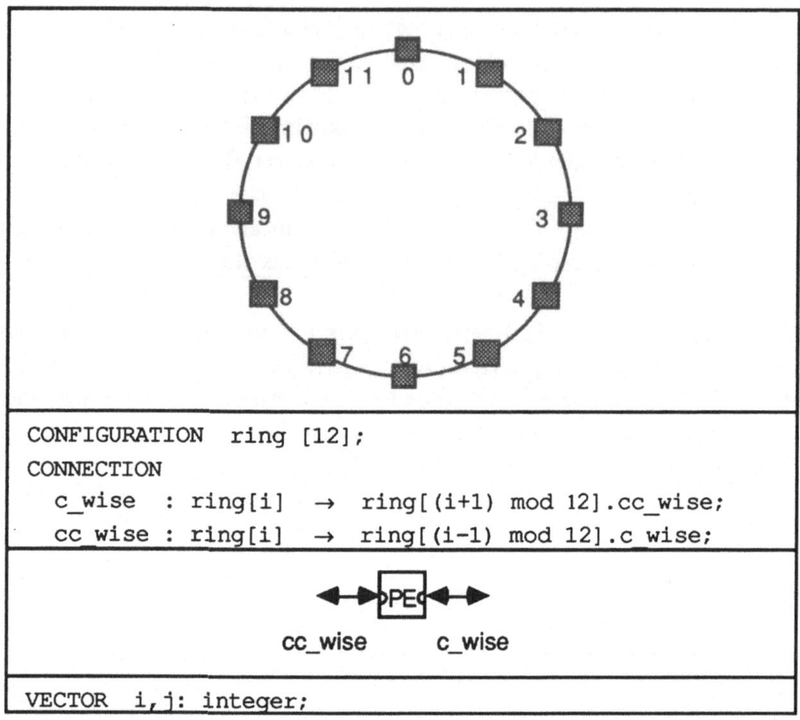

Abbildung 6.9: *Spezifikation der Ring-Topologie*

Hier wurden nun zwölf identische Prozessoren definiert. Sie sind in einer logischen Dimension angeordnet und von 0 bis 11 durchnumeriert. Jedes einzelne PE besitzt neben seinem lokalen Speicher mit den ganzzahligen Variablen i und j auch noch zwei bidirektionale Kommunikationsleitungen mit Namen c_wise (für: clockwise, also im Uhrzeigersinn) und cc_wise (für counter-clockwise, im Gegenuhrzeigersinn). Die Funktion c_wise bildet den c_wise-Ausgang jedes Prozessors auf den cc_wise-Eingang des nächsthöheren Prozessors ab. Entsprechend bildet die Funktion cc_wise den cc_wise-Ausgang jedes Prozessors auf den nächstniedrigeren Prozessor ab. Da in den Transfer-Funktionen die modulo-Funktion verwendet wird, ist die Topologie *geschlossen*, das heißt jeder Port jedes PEs besitzt einen Nachbarn.

Analog zum begin_end Block, der in Pascal dazu dient sequentielle Anweisungen zu gruppieren, gibt es in Parallaxis den parallel_endparallel Block zur Signalisierung der vektoriellen Abarbeitung einer Anweisungsfolge. Die Semantik hierbei ist, daß jedes PE die gleiche Anweisung mit seinen lokalen Variablen-Daten ausführt und somit zu individuell unterschiedlichen Ergebnissen gelangen kann. Der Begriff *parallel* kann hier leicht zu einer Fehlinterpretation führen, denn die Anweisungen des parallelen Blocks werden tatsächlich *sequentiell* ausgeführt. Da jede einzelne Anweisung **daten-parallel** ausgeführt wird, ist hier der Begriff der *vektoriellen Abarbeitung* geeigneter. Datenparallelität und einheitlicher Kontrollfluß sind gerade die Charakteristika des SIMD Maschinenmodells.

<u>*Beispiel 6.3:*</u> *Paralleler Anweisungsblock*

```
PARALLEL [3..8]
  i := j+1;
  propagate.c_wise (i)
ENDPARALLEL
```

In Beispiel 6.3 steht ein Programmfragment, das eine Untermenge der zwölf im System definierten Prozessoren anspricht. Für jede logische Dimension der PE-Anordnung wird ein Teilbereich angegeben, wobei nur die PEs innerhalb **jedes einzelnen** Dimensions-Unterbereiches ausgewählt werden. Diese Teilmenge ist vollkommen frei wählbar und kann sogar zur Laufzeit dynamisch berechnet werden. Beschränkt man sich auf die vermutlich am häufigsten benötigte Form des Teilbereiches (subrange) für jede der n spezifizierten Dimensionen, so entspricht die ausgewählte Teilmenge unabhängig von der verwendeten Topologie einem inneren n-dimensionalen Block des n-dimensionalen Hypercubes.

Die `propagate` Operation führt nun den parallelen Datenaustausch zwischen den PEs durch (siehe dazu Abbildung 6.10). Die `propagate` Anweisung verhält sich hierbei wie die unmittelbare Aufeinanderfolge einer send- und einer receive-Operation. Die PEs drei bis acht sind für diesen Block die aktiven Prozessoren, die nach der Zuweisungs-Operation einen Datenblock (hier den Wert der Variablen i) an ihren Nachbarn im Uhrzeigersinn ("clockwise") senden. Anschließend empfangen diese Prozessoren über ihren zweiten Port (`cc_wise` für "counter-clockwise") den Wert von ihren Nachbarn im Gegenuhrzeigersinn, denn die Hardware-Spezifikation definiert den Eingang `cc_wise` als das Gegenstück zum Ausgang `c_wise`. Der neue Datenwert ersetzt nun den bisherigen Inhalt der Variablen i. Da Prozessor 3 von seinem Vorgänger keine Daten erhält (Prozessor 2 ist inaktiv!), bleibt dessen Wert für i bestehen. Dagegen geht der alte Wert von i des Prozessors 8 verloren, da sein Nachfolger Prozessor 9 ebenfalls inaktiv ist.

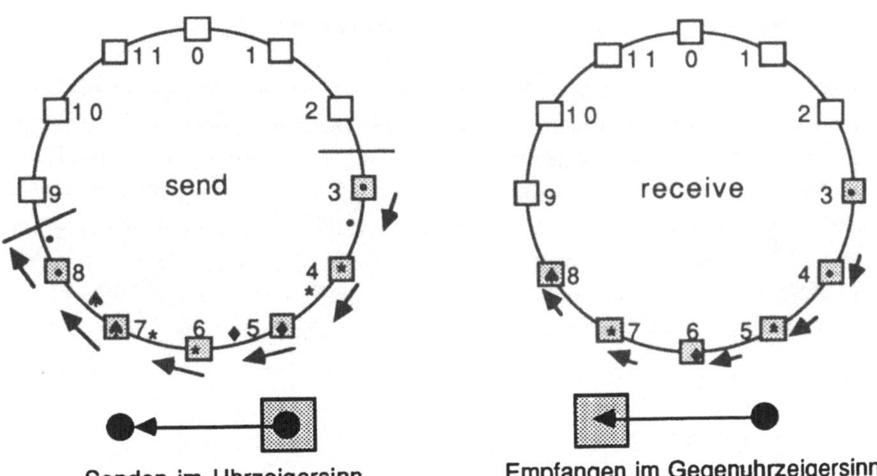

Abbildung 6.10: *Zerlegung von propagate in send und receive*

Wenn man nun von den Basis-Operationen `send` und `receive` abstrahiert, kann man erkennen, daß die Daten des Kreis-Sektors um einen Schritt im Uhrzeigersinn verschoben wurden; genau dies soll der Name der Operation `propagate` zum Ausdruck bringen.

6.6 Propagate Splitting

Beim kollektiven Datenaustausch müssen immer beide Partner, Sender und Empfänger, aktiv sein. Ein aktives PE muß bei der `propagate` Operation nun aber sowohl Nachrichten senden als auch empfangen können. Dies ist unter Umständen nicht in jedem Anwendungsfall erwünscht, wie das Beispiel in Abbildung 6.11 verdeutlicht. Hier sollen in einer zwei-dimensionalen Gitterstruktur jeweils nur die PEs der ungeraden Zeilen (1, 3, 5, usw.) Daten senden, während die PEs der geraden Zeilen (2, 4, 6, usw.) zwar Daten empfangen sollen, jedoch nicht senden.

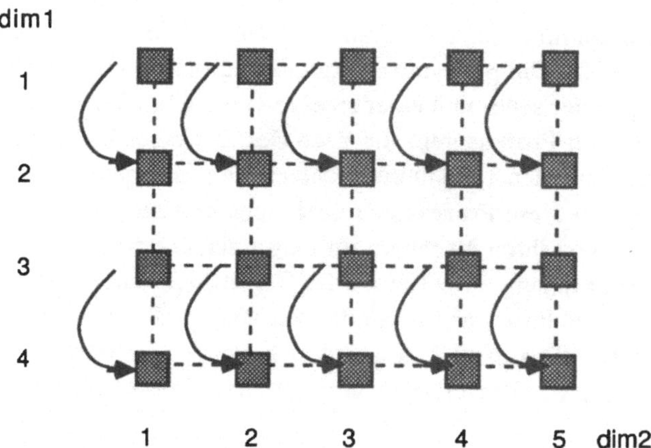

Abbildung 6.11: Beispiel für teilweisen Datenaustausch

Die `propagate` Anweisung selbst beinhaltet keine Möglichkeit um die PE-Mengen für Sender oder Empfänger zu beeinflussen. Dies kann nur durch eine entsprechende Selektion im umgebenden parallelen Block geschehen, welcher wiederum nicht zwischen Sender-PEs und Empfänger-PEs unterscheidet. Wie man mit Hilfe der parallelen Dimensions-Konstanten `dim` dennoch ein `propagate` "splitting" durchführen kann zeigt das Programmfragment in Beispiel 6.4, wobei die Spezifikation eines zwei-dimensionalen Gitters vorausgesetzt wird. Die vordefinierte parallele Konstante `dim1` enthält dabei für jedes PE dessen Numerierung in der ersten Dimension (Zeilen); `dim2` die Numerierung in der zweiten Dimension (Spalten):

$$\text{dim1} = \begin{pmatrix} 1 & 1 & 1 & 1 & 1 \\ 2 & 2 & 2 & 2 & 2 \\ 3 & 3 & 3 & 3 & 3 \\ 4 & 4 & 4 & 4 & 4 \end{pmatrix} \qquad \text{dim2} = \begin{pmatrix} 1 & 2 & 3 & 4 & 5 \\ 1 & 2 & 3 & 4 & 5 \\ 1 & 2 & 3 & 4 & 5 \\ 1 & 2 & 3 & 4 & 5 \end{pmatrix}$$

Für ein PE an der Stelle [i,j] gilt: `dim1=i` und `dim2=j`

Beispiel 6.4: **Programm zur Realisierung von propagate splitting**

```
CONFIGURATION grid [1..4],[1..5];
. . .
PARALLEL
  buffer := i;
  propagate.down (buffer);
  IF even(dim1) THEN i := buffer END
ENDPARALLEL
```

Der Wert der Variablen `i`, welche nur in jeder zweiten Zeile übertragen werden soll, wird zunächst in einer Puffervariablen abgelegt. Diese wird nun von allen PEs übertragen, was **nicht mehr Zeit benötigt**, als wenn nur jede zweite Zeile Daten gesendet hätte, da der kollektive Datenaustausch parallel ausgeführt wird und der Zeitaufwand der gleiche ist, ob nur ein Prozessor daran teilnimmt oder alle im System vorhandenen Prozessoren. Anschließend wird der übertragene Wert nur von den Prozessoren in geradzahligen Zeilen übernommen, die Prozessoren der ungeraden Zeilen behalten ihre ursprünglichen Werte für `i`. Da eine Datenaustausch-Operation üblicherweise wesentlich teurer (zeitaufwendiger) ist als ein arithmetisch-logischer Befehl, fallen die zusätzlichen Anweisungen für Zuweisung und Selektion nicht übermäßig ins Gewicht. Mit Hilfe der Positions-Konstanten dim_1 bis dim_n können daher beliebige Einschränkungen auch innerhalb eines parallelen Blocks durchgeführt werden.

7. Kommunikationskonzepte

In diesem Kapitel wird der parallele Datenaustausch zwischen Prozessoren im Netzwerk nochmals am Rande behandelt. Den Schwerpunkt bilden hier allerdings die beiden Operationen zum seriellen Datenaustausch vom zentralem Steuerrechner zu den parallelen Prozessoren, sowie von den Prozessoren zurück zum Steuerrechner. Hierbei wird ein entsprechend dimensioniertes Datenfeld des Steuerrechners komponentenweise auf die Prozessoren des Netzwerks verteilt, beziehungsweise von diesen eingelesen. Jede dieser Operationen kann eine Selektion von Prozessoren in gleicher Weise wie der parallele Anweisungsblock vornehmen, um nur eine bestimmte Gruppe von Prozessoren anzusprechen. Weiterhin gibt es Operationen zur Bildschirm- oder Datei- Ein-/ Ausgabe. Diese können jedoch nur über den zentralen Steuerrechner aufgerufen werden.

Bei einer parallelen Hardware wird in Parallaxis eine 1:1 Zuordnung zwischen virtuellen (das heißt in Parallaxis deklariertem) und physisch vorhandenem parallelen Prozessor angestrebt, um eine möglichst hohe Ausnutzung der parallelen Ressourcen zu erzielen. Jedoch können auf einem physischen Prozessor immer beliebig viele virtuelle Prozessoren durch das Betriebssystem transparent simuliert werden. Da die Operationen für Datenübertragungen normalerweise zeitaufwendiger sind als arithmetisch-logische Befehle, sollte der aufwendige Nachrichtenfluß zwischen PEs wenn möglich eingeschränkt werden. Ein Datenaustausch zwischen zwei individuellen PEs ist hierbei genauso teuer wie ein paralleler Datenaustausch, der sämtliche Prozessoren umfaßt!

7.1 Datenaustausch zwischen Prozessoren im Netzwerk

Der Datenaustausch zwischen den PEs untereinander wurde schon in den Abschnitten 6.2 und 6.3 ausführlich behandelt. Hier wird auf dieses Konzept in globaler Sichtweise nochmals kurz eingegangen.

Ein *virtueller Prozessor* umfaßt die Daten und Programme, die auf einer parallelen Rechner-Einheit ablaufen. Nachrichten zwischen diesen entsprechen demzufolge einem Datenaustausch über das Verbindungsnetzwerk des parallelen Systems. Da als Grundprinzip jedoch eine SIMD-Struktur verwendet wird, können einzelne Prozessoren keine eigenständigen Programme abarbeiten, wie die für sich unabhängigen Einheiten eines Agenten- oder Actor-Systems ([Agh86], [Hew77]). Der Anwender sollte sich über diese Einschränkung einer SIMD Maschine im Klaren sein und dementsprechend sein Programm gestalten. Wie die tatsächliche, physische Topologie der Hardware aussieht, oder welche Route die Nachricht zwischen den Rechner-Knoten nimmt, ist letztendlich für das Konzept unerheblich. Verschiedene Implementierungen lassen sich auf der Benutzerebene ausschließlich durch eventuelle Leistungsdifferenzen unterscheiden.

Wird mittels der Operation `propagate` eine Nachricht angefordert und es liegt derzeit keine bereit (dies trifft bei paralleler Ausführung für Proessor-Elemente am Rand der betreffenden Topologie zu), dann wird der Wert der Sende-/ Empfangsvariablen **nicht verändert**. Ein Prozessor kann daher weder feststellen, ob seine Nachricht jemals sein Ziel erreichte, noch ob eine gelesene Nachricht überhaupt existierte, oder nur zufällig den gleichen Wert wie seine eigene gesendete Nachricht hatte. Diese fehlende Information wird jedoch in unserem Modell nicht benötigt: Durch die Wahl einer Verbindungs-Topologie werden PEs und mögliche Nachrichtenpfade von vornherein statisch festgelegt. Auf die Möglichkeit fehlerhafter Verbindungen oder Prozessoren, deren Erkennung und Umgehung wird in diesem Modell nicht eingegangen.

Als geschlossen bezeichne ich diejenigen Topologien, die für jedes PE und jeden Port (jede Nachrichten-Richtung) ein Nachbar-PE definiert haben. Beispiele hierfür sind Ring oder Torus. Eine Topologie heißt offen, wenn zumindest für eine Nachrichten-Richtung eines Prozessors kein Nachbar existiert (zum Beispiel: Bus oder 2-dimensionales Gitter). Aus einer geschlossenen Topologie kann leicht eine offene werden, wenn für einen parallelen Ausführungsblock nur eine Teilmenge aller verfügbaren PEs aktiviert wird. Passive ("schlafende") PEs nehmen nicht am Datenaustausch teil und Verbindungen von und zu passiven PEs verhalten sich während der Gültigkeitsdauer des umfassenden parallelen Blocks äquivalent zu nicht existierenden Verbindungen. In einer geschlossenen Topologie erreichen alle abgesandten Nachrichten ihre Empfänger. Hier erhält auch jedes PE eine Nachricht, wenn die `propagate` Operation ausgeführt wird, da alle Prozessoren identisch sind und die gleichen Befehle ausführen. Denn wenn Prozessor *a* auf eine Nachricht wartet, dann hat *a* kurz zuvor selbst eine Nachricht an einen seiner Nachfolger gesendet (nach der Definition der `propagate` Operation). Der Vorgänger von *a*, mit Namen *b*, welcher gerade auch eine Nachricht von seinem Vorgänger empfangen möchte, hat aber ebenfalls kurz zuvor eine Nachricht abgesendet – da alle Prozessoren die gleichen Befehle ausführen – und zwar zu seinem Nachfolger in der Richtung des `propagate` Befehls, Prozessor *a*!

7.2 Datenübermittlung von und zur zentralen Steuerung

Wichtig sind auch Operationen zum Datenaustausch zwischen dem Netzwerk mit seiner Vielzahl von Prozessoren und der zentralen Steuereinheit. Diese Aufgaben werden meist zur Vorbereitung und Nachbereitung eines parallelen Programms benötigt; zum Beispiel: Verteilen der Datenwerte auf die einzelnen PEs, sowie Auslesen von Ergebniswerten. Diese Aufgaben werden hier mit `load` und `store` bezeichnet. Da diese Operationen rein sequentiell arbeiten, verlangsamen diese eine parallele Ausführung unter Umständen erheblich! Da sie aber im allgemeinen nur zu Beginn und Ende einer Anwendung benötigt werden, verursachen sie nur einen konstanten Aufwand (jedoch linear in der Anzahl der angesprochenen Prozessoren).

Im Parallaxis-System stehen für diese Operationen folgende Standardfunktionen zur Verfügung:

- ```
  load <selection> (<local-variable>, <data-array>)          oder
  load <selection> (<local-variable>, <data-array>, <length>)
  ```
  Datenaustausch von zentraler Steuerung zu allen (oder einer Teilauswahl der)
  parallelen Prozessoren.

- ```
  store <selection> (<local-variable>, <data-array>)          oder
  store <selection> (<local-variable>, <data-array>, <length>)
  ```
  Datenaustausch von allen (oder einer Teilauswahl der) parallelen Prozessoren
  zur zentralen Steuerung.

Für beide Operationen gelten die Regeln:

Fehlt die Prozessor-Selektion, werden standardmäßig alle parallelen Prozessoren angesprochen. Die Angabe eines Sterns ("*") selektiert den gesamten Bereich innerhalb einer
Dimension. Der aktuelle Array-Parameter muß mit dem angegebenen Teilbereich in Dimension
und Größe kompatibel sein.

<u>Ausnahme:</u>   wird nur ein einzelnes PE ausgewählt, so kann als Parameter anstelle eines
passenden Arrays auch eine unstrukturierte Variable des gleichen Typs eingesetzt werden.

Bei beiden Operationen kann optional ein Längenparameter mit angegeben werden. Er
enthält nach Ausführung die Anzahl der tatsächlich übertragenen Datenelemente.

<u>*Beispiel 7.1:*</u> *Datenaustausch zwischen Parallelstruktur und zentraler Steuerung*

```
SYSTEM example;
CONFIGURATION torus [1..64],[1..32];
...       (* Connection Spezifikation *)
SCALAR   c1: ARRAY[1..64],[1..32] OF integer;
         c2: ARRAY[1..32] OF integer;
         c3: integer;
VECTOR   v : integer;


BEGIN
   (* schreibe auf alle PEs *)
   LOAD (v,c1);
   (* lies PEs der Spalte 4 *)
   STORE [11..42],[4] (v,c2);
   (* schreibe auf PEs der Zeile 2 *)
   LOAD [2],[*] (v,c2);
   (* lies einzelne Variable *)
   STORE [1],[8] (v,c3);
END example.
```

Die Möglichkeiten zum Datenaustausch mit der zentralen Steuerung schaffen eine "Verbindung zur Außenwelt". Nur mit ihrer Hilfe können parallel berechnete Datenwerte in den Zentralrechner zurückgebracht werden und auf einem sequentiellen Endgerät wie Terminal, Platte, usw. sichtbar gemacht werden.

7.3 Ein-/Ausgabe-Operationen des Steuerrechners

Die Verbindung zur Außenwelt kann für die parallelen Prozessoren des Netzwerkes nur über den zentralen Steuerrechner geschehen. Abgesehen von Problemen des parallelen Schreibens oder Lesens desselben Mediums, verfügen die PEs auch nur über eine Leitung zum Steuerrechner. Das Modell dieses Steuerrechners (front-end) ist jedoch identisch zu dem eines eigenständigen, konventionellen Rechners, der normalerweise über Ein-/ Ausgabe Operationen zu Terminals und Dateien verfügt.

Aus diesem Grund sind in Parallaxis Ein- / Ausgabe nur vom Steuerrechner aus möglich. Das bedeutet, daß nur skalare Variablen oder Konstanten direkt ausgegeben werden können; Vektoren müssen über ein skalares Feld des Steuerrechners gepuffert werden. Vektorielle Daten für die Ausgabe müssen zunächst mit `store` ausgelesen werden, während skalar eingelesene Daten anschließend mit `load` auf alle PEs komponentenweise verteilt werden. Die Ein-/ Ausgabe-Operationen sind nur von praktischem Interesse und für das Sprachenmodell nicht relevant, deshalb möchte ich an dieser Stelle nicht näher darauf eingehen. Für die Implementierung wurden Ein- / Ausgabe-Operationen für Terminal und Dateien zur Verfügung gestellt (`read`, `write`, `OpenInput`, `OpenOutput`, etc.; siehe hierzu Anhang A).

8. Parallele Semantik

In diesem Kapitel möchte ich näher auf das von mir gewählte Modell der Parallelität, dessen Implikationen und Semantik eingehen. Im Anschluß an eine knappe informelle Darstellung folgt eine denotationale Semantik der hier vorgestellten parallelen Sprachkonstrukte. Als Grundlage dient hier die von J. de Bakker eingeführte Nomenklatur zur Beschreibung einer formalen Semantik. Zunächst werden die Hilfsdefinitionen der sequentiellen Semantik für die Parallelverarbeitung mit generellem MIMD-Maschinenmodell erweitert und dann im Anschluß auf das Modell einer SIMD-Maschine spezialisiert. Auf dieser Basis läßt sich die Semantik jedes einzelnen parallelen Sprachkonstruktes beschreiben, wodurch seine Wirkung eindeutig definiert ist. Analog zum sequentiellen Fall werden Beweisregeln für die parallele Zuweisung, die parallele Anweisungsfolge, die parallele Verzweigung und den parallelen Datenaustausch aufgestellt, mit denen die Korrektheit von Parallaxis-Programmen gezeigt werden kann. Für einige kurze Programmfragmente werden mit Hilfe dieser Beweisregeln parallele Vorbedingungen bestimmt.

8.1 Das Modell der Parallelverarbeitung

Das hier vorgestellte Modell von zeitlich parallelen Abläufen basiert auf der Vorstellung einer zentralen Steuereinheit in Verbindung mit einer Vielzahl von rechnenden Einheiten.

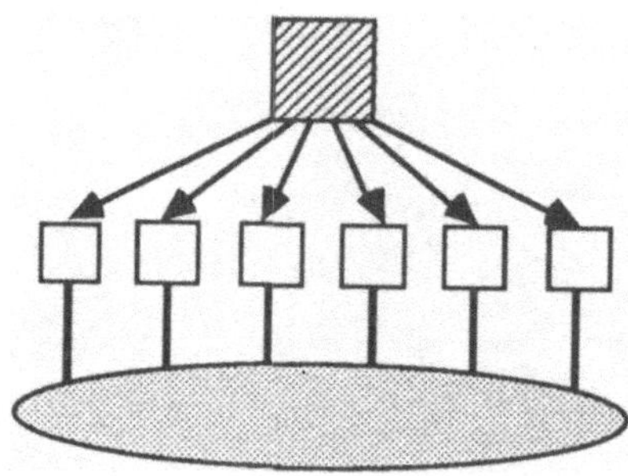

Abbildung 8.1: Paralleles Rechnermodell

Das Konstrukt zur Beschreibung paralleler Abläufe ist der parallele Block. Der Programmfluß *innerhalb* eines solchen Blocks ist strikt sequentiell und darf nicht mit dem Parallelitätsmodell von Occam ([Inm84] und Occam 2 [Bur88]) verwechselt werden. In Occam werden die (unterschiedlichen) Anweisungen innerhalb eines parallelen Blocks gleichzeitig auf verschiedenen Prozessoren ausgeführt. In Parallaxis hingegen wird jede Anweisung aus der Sicht des Steuerrechners sequentiell abgearbeitet und zur Ausführung an eine ausgewählte Menge der PEs gesendet ("Broadcast"). Gemäß der SIMD-Philosophie führen eine Vielzahl von Prozessoren die gleiche Berechnung mit unterschiedlichen Datenwerten durch. Die explizite Programmierung jeder einzelnen rechnenden Einheit entfällt und ist in diesem Zusammenhang auch nicht als sinnvoll anzusehen.

Dieser Ansatz bietet eine Reihe von Vorteilen. Die Vorzüge der parallelen Abarbeitung können genutzt werden, ohne daß man zur Laufzeit einen Leistungsverlust in Kauf nehmen muß, der zum Beispiel bei paralleler Ausführung auf einem System mit gekoppeltem Speicher auftreten würde. Im einzelnen benötigt Parallaxis **keine** der folgenden aufwendigen Kontrollmechanismen:

✗ Timesharing System mit einem Multi-Prozeß-fähigen Betriebssystemkern

✗ Bereitstellung von unteilbaren Betriebssystem-Routinen (z.B.: "test-and-set")

✗ Synchronisation mittels Semaphoren und Monitoren

✗ Mechanismen zum Sperren und Freigeben von gemeinsamen Datenbereichen

Die für die Semantik verwendeten parallelen Sprachelemente sind:

- `configuration / connection`
  Spezifikation der Netzstruktur

- `parallel / endparallel`
  Selektion von Prozessoren zur Parallelverarbeitung

- `propagate`
  Paralleler Datenaustausch zwischen den mit `parallel` ausgewählten Prozessoren

- `if / then / else / end`
  Parallele Selektion

- Parallele Zuweisung (`x := e`)

- Sequenz von Anweisungen ($S_1 ; S_2$)

Die Anweisungen innerhalb eines parallelen Blocks werden dabei *zeitlich sequentiell*, jedoch "räumlich", das heißt *vektoriell* auf mehreren Prozessoren ausgeführt. Nach dem Schlüsselwort `parallel` kann – wie in Abschnitt 6.1 beschrieben – eine Prozessor-Selektion stehen, welche sich auf die in der Netzwerkspezifikation festgelegten Dimensionen bezieht.

Der Datenaustausch mittels der Standardprozeduren `propagate` darf nur innerhalb eines parallelen Blocks stattfinden, denn nur für die parallelen Prozessoren ist ein kollektiv-paralleler Datenaustausch definiert. Dies bedeutet, daß immer eine Gruppe von Prozessoren gleichzeitig am synchronen Datenaustausch teilnimmt. Welche Prozessoren ausgewählt werden hängt dabei von der Selektion des umgebenden parallelen Blocks, sowie der Einschränkung von möglicherweise umgebenden `if`-Selektionen ab (z. Bsp. führt nur eine Teilmenge aller Prozessoren den `then`-Zweig einer parallelen `if`-Anweisung aus).

8.2 Darstellung einer formalen parallelen Semantik

Zuerst werde ich einige Hilfsdefinitionen anführen, mit denen ich im Anschluß die Semantik der in dieser Arbeit vorgestellten parallelen Sprachkonstrukte definieren kann. Ausgehend von den Definitionen J. de Bakkers [DeB80] werde ich zunächst allgemeine Definitionen für eine Semantik zur Beschreibung von allgemeinen parallelen Rechenvorgängen angeben. Diese werden zur Verwendung für das von mir verwendete Modell der Parallelität spezialisiert, um dann im letzten Schritt die Semantik der parallelen Sprachkonstrukte formal zu spezifizieren.

8.2.1   Hilfsdefinitionen

A)   Definitionen für ein Ein-Prozessor System:

Mengen:

Var	Menge aller deklarierten Variablen
Val	Menge aller möglichen Werte, die eine Variable annehmen kann
AExp	Menge aller möglichen arithmetischen Ausdrücke
BExp	Menge aller möglichen logischen Ausdrücke (assertions, wffs)
Stat	Menge aller syntaktisch möglichen Anweisungen (statements)
Σ	Menge aller möglichen Zustände (Variablenbelegungen), $\Sigma \equiv \text{Var} \to \text{Val}$
Truth	Menge der beiden Wahrheitswerte wahr und falsch, $\text{Truth} \equiv \{\text{true, false}\}$

Abbildungen:

$$\sigma : \quad \text{Var} \quad \to \quad \text{Val}$$
$$V : \quad \text{AExp} \quad \to \quad (\Sigma \to \text{Val})$$
$$W : \quad \text{BExp} \quad \to \quad (\Sigma \to \text{Truth})$$
$$M : \quad \text{Stat} \quad \to \quad (\Sigma \to \Sigma)$$

σ Abbildung von Variablen auf deren Werte; diese beschreibt den aktuellen System-Zustand, insbesondere alle Variablenbelegungen,

z.B. kann für die Variable x gelten: $\sigma(x) = 7$

V Auswertungsfunktion für arithmetische Ausdrücke
Es gilt hier beispielsweise:

$$V(x)\,(\sigma) = \sigma(x)$$
$$V(s_1 + s_2)\,(\sigma) = V(s_1)\,(\sigma) + V(s_2)\,(\sigma)$$

W   Auswertungsfunktion für boolesche Ausdrücke, analog zu V

M   Maschinenfunktion, Auswertung von Anweisungen
           Für die Zuweisung gilt hier:
           $$M(x := s)\,(\sigma) \;=\; \sigma\,\{\,V(s)\,(\sigma)\,|\,x\,\}$$

Des weiteren wird ein Operator zur Konstruktion von Tupeln benötigt, der nachfolgend mit Θ bezeichnet wird. Die Konstruktion des Tupels soll dabei **parallel** erfolgen. Insbesondere kann kein Tupel-Element den bereits aktualisierten Wert eines anderen Tupels verwenden:

$$\Theta_{i=1..n}\; a_i \;=\; <a_1,\, a_2,\, ...,\, a_n>$$

Eine weitere Wahrheitsfunktion bildet assertions (ebenfalls boolesche Ausdrücke) auf die Wahrheitswerte *tt* oder *ff* ab (bewußt anders gewählt als die Wahrheitswerte *innerhalb* der formalen Sprache) und dient hier zur Definition der denotationalen Semantik von Programmkonstrukten durch Vorbedingungen und Nachbedingungen.

T   bildet assertions auf Wahrheitswerte ab. Es gilt unter anderem:
           $$T(s_1 = s_2)\,(\sigma) \;=\; (\,V(s_1)\,(\sigma) = V(s_2)\,(\sigma)\,)$$
           $$T(p_1 \wedge p_2)\,(\sigma) \;=\; (\,T(p_1)\,(\sigma) \wedge T(p_1)\,(\sigma)\,)$$

Wir haben nun alle Hilfsdefinitionen, um die Semantik eines Programmes ausdrücken zu können. Es sind p und q die Vor-, bzw. Nachbedingung, sowie S ein Programmstück. Die assertion {p} S {q} bedeutet: "Wenn die Vorbedingung p vor Ausführung des Programmes S gilt, dann muß auch die Bedingung q nach Beendigung des Programmes S gelten.

Es gilt die Regel der Semantik:

$$\{p\}\ S\ \{q\} \qquad \underline{\text{genau dann, wenn}}$$

$$\{\,T(p)\,(\sigma)\;\wedge\;(\,\sigma' = M(S)\,(\sigma)\,)\,\}\;\Rightarrow\;T(q)\,(\sigma')$$

B) Generalisierung der Definitionen auf ein Mehrprozessor-System mit n Prozessoren und lokalem Speicher:

σ $=$ $(\sigma_1,\, \sigma_2,\, ...,\, \sigma_n)$
           Der Systemzustand setzt sich aus einem Tupel der Zustände der n parallelen Rechnereinheiten zusammen.

V und W werden beibehalten, da diese rein syntaktische Umformungen durchführen.

M   = $(M_1, M_2, ..., M_n)$
Analog zu σ werden auch zusammengesetzte Auswertungs- und Maschinen-
funktionen aus den Teildefinitionen der parallelen Rechnereinheiten definiert.

Diese Definitionen beziehen sich explizit auf die Eigenschaft der lokalen Speicher des
modellierten Mehrprozessor-Systems. Wäre stattdessen nur ein globaler Speicher-Pool vorhanden, dann müßte die Beschreibung des Zustandes und der Auswertungs-Funktion wie bei
der Semantik des Ein-Prozessor Modells aussehen.

C)   Spezialisierung auf ein SIMD-System mit zentraler Steuereinheit:

Im Folgenden werden wir von n identischen Rechnereinheiten mit lokalem Speicher
ausgehen, welche ihre Befehle von einer zentralen Steuereinheit erhalten. Für diese **SIMD**-
Umgebung benötigen wir einen ähnlich wie in B) definierten Zustand (Variablenbelegung) und
eine Auswertfunktion mit je n+1 Komponenten, da zu den n parallelen Einheiten noch der
Steuerrechner mit seinem Speicher dazukommt. Da die parallelen Rechner jedoch alle
identisch sind, genügt für sie eine einzige Maschinenfunktion. Diese Überlegung liefert die
Definition für das speziellere SIMD-"M".

σ = $(\sigma_H, \sigma_1, \sigma_2, ..., \sigma_n)$
Der Systemzustand setzt sich aus einem Tupel des Zustands des Steuerrechners
(Host) und des jeweiligen Zustands der n parallelen Rechnereinheiten zusam-
men. Die Variablenmengen sind disjunkt.

M   = (M_H, M_P)
Die Maschinenfunktion besteht aus einer Funktion für den Host und einer für
alle (identischen) parallelen Einheiten.

8.2.2   Definition der parallelen Semantik

Hier wird die Semantik für die grundlegenden Operationen definiert. Komplexere
Programmkonstrukte lassen sich aus diesen zusammensetzen. Es bezeichnen: x eine Variable, e
einen Ausdruck und S eine Anweisung. Der Operator Θ konstruiert ein n-Tupel aus einzelnen
Komponenten.

Semantik der Parallel-Verarbeitung

$$M(S)(\sigma) = \begin{cases} M_P(S')(\sigma) & \text{falls } S = \text{ PARALLEL } S' \text{ ENDPARALLEL} \\ M_H(S)(\sigma) & \text{sonst} \\ (M_H \text{ analog zum Ein-Prozessor Fall}) \end{cases}$$

$$M_P(S) = \Theta_{i=1..n} \{ M_P(S)(\sigma_i) \}$$

$$M_P(x := e)(\sigma) = \Theta_{i=1..n} \; \sigma_i \{ V(e)(\sigma_i) \,|\, x \}$$

$$M_P(S_1; \; S_2)(\sigma) = M_P(S_2)(M_P(S_1)(\sigma))$$

$$M_P(\texttt{if } b \texttt{ then } S_1 \texttt{ else } S_2 \texttt{ end})(\sigma) = \Theta_{i=1..n} \; \mathrm{IF}_i$$

$$\text{wobei } \mathrm{IF}_i = \begin{cases} M_P(S_1)(\sigma_i) & \text{falls } W(b)(\sigma_i) = \text{true} \\ M_P(S_2)(\sigma_i) & \text{sonst} \end{cases}$$

Eine Anweisung innerhalb eines Parallel-Blocks wird durch die Maschinenfunktion M_P auf jedem Prozessor separat ausgeführt (angezeigt durch $\Theta_{i=1..n}$). Bei der Zuweisung wird der Wert des zuzuweisenden Ausdrucks für jeden Prozessor berechnet und für den symbolischen Variablennamen substituiert. Die Hintereinanderausführung von Anweisungen ist identisch zum skalaren Modell (siehe hierzu die rewrite-rule in Abschnitt 8.4, Teil B). Bei der parallelen if-Anweisung verhält es sich komplizierter, denn die Bedingung b wird nicht für das gesamte Rechnermodell global ausgewertet, sondern (da sie sich auf vektorielle Variablendaten beziehen kann) individuell für jedes PE. Von diesem Ergebnis hängt es ab, ob ein PE für sich die Abarbeitung des then-Teils oder des else-Teils wählt, wie durch die Hilfsfunktion IF_i dargestellt wurde (bei nicht vorhandenem else-Teil kann eine leere Anweisung eingesetzt werden).

Semantik des parallelen Datenaustauschs

$$M_P(\texttt{propagate.direction(x)}) \quad = \quad \Theta_{i=1..n}\ \sigma_i\ \{\ z_i\ |\ x\ \}$$

$$\text{wobei}\ z_i\ =\ \begin{cases} \sigma_{\text{direction}^{-1}(i)}\ (x) & \text{falls}\ \ \text{direction}^{-1}(i) \neq \perp \\[2ex] \sigma_i\ (x) & \text{sonst} \end{cases}$$

Die Berechnungsvorschrift für die "Funktion" *direction* sei zuvor definiert durch:

```
CONFIGURATION   netz [1..n];
CONNECTION      direction: netz[i]  → netz[ "direction(i)" ];
```

Diese Definition ist auf den ersten Blick nur schwer zu übersehen. Im Detail besagt dies: Bei Ausführung der propagate-Anweisung ändert jedes PE, das von einem anderen PE über den direction-port erreichbar ist, ausschließlich den Wert der Variablen x (siehe erste Zeile: $\Theta_{i=1..n}\ \sigma_i\ \{\ z_i\ |\ x\ \}$), die Werte für alle anderen Variablen bleiben unverändert. Der Substitutionswert z hängt dabei von i ab, wie in der zusammengesetzten Definition darunter festgelegt wird. Hierbei bezieht sich "direction^{-1}(i)" auf die Umkehr-Funktion der zuvor durch die Transfer-Funktion gleichen Namens in der Connection-Spezifikation eindeutig festgelegten Nachbarschafts-Beziehung zwischen den PEs. Da die Nachbarschafts-Relation gerichtet ist, kann man auch anschaulich vom Vorgänger oder Nachfolger eines Rechner-Knotens sprechen. Es gibt allerdings auch Topologien wie zum Beispiel die Baumstruktur (siehe Abschnitt 6.2) bei denen keine eindeutige Umkehrfunktion zur Relation "direction" gebildet werden kann. Dann kann die propagate-Anweisung nicht in der hier gezeigten einfachen Form verwendet werden, sondern muß ebenso die "Empfangsrichtung" als zusätzlichen Parameter enthalten.

Existiert nun für den Rechnerknoten i ein Vorgänger (Fallauswahl: direction^{-1}(i) $\neq \perp$), dann erhält die Substitutions-Variable z_i den Wert der Variablen x, den diese auf dem Vorgänger-Rechner hat (Obere Zeile: $\sigma_{\text{direction}^{-1}(i)}\ (x)$). Der Index der Systemzustandsvariablen σ bestimmt hier definitionsgemäß den Rechnerknoten, auf dessen lokalem Datensatz der Wert der nachfolgenden Variablen bestimmt werden soll. Anschaulich gesehen wird also der Datenwert einer Variablen von Rechner z_i auf seinen eindeutig festgelegten Nachfolger, Rechner i, übertragen. Falls aber für den Rechner i kein Vorgänger existiert (Fallauswahl: sonst), so erhält die Substitutions-Variable z_i den Wert der Variablen x, den diese auf dem gleichen Rechner i hat (Untere Zeile: $\sigma_i\ (x)$). Die Variable auf Rechner i wird in diesem Fall mit sich selbst substituiert, was nichts anderes aussagt, als daß keine Substitution stattfindet. Der alte Variablen-Wert bleibt daher erhalten wenn ein Rechnerknoten keinen Vorgänger besitzt.

Die Definition verlangt durch den Tupel-Operator Θ die *gleichzeitige Auswertung* der übermittelten Variablen und die gleichzeitige Substitution auf allen parallelen Einheiten, sonst könnten durch *race-conditions* die Werte fehlerhaft verändert werden. Diese Bedingung macht das Vorhandensein von geeigneten "Datenpuffern" zwischen je zwei verbundenen PEs erforderlich.

Nicht erlaubte Schachtelungen

$$M_P(\texttt{parallel S endparallel}) = \bot$$
Keine Schachtelung von Parallel-Blöcken

$$M_H(\texttt{propagate.direction(x)}) = \bot$$
Kein Datenaustausch außerhalb des Parallel-Blocks

Die hier gezeigten Programmfragmente, dies sind die Vereinbarung eines Parallel-Blocks innerhalb eines Parallel-Blocks, beziehungsweise die Vereinbarung einer `propagate` Anweisung außerhalb eines Parallel-Blocks sind nicht erlaubt (angezeigt durch das Bottom-Symbol "$\bot$") und werden durch eine Fehlermeldung des Übersetzers angezeigt.

8.3 Beweis-Regeln

Unter der Verwendung der im vorangehenden Abschnitt definierten parallelen Semantik ist man nun in der Lage, einige Beweis-Regeln aufzustellen. Diese Regeln folgen direkt aus den Definitionen der Semantik; auf Beweise zu den Regeln möchte ich an dieser Stelle allerdings verzichten. Die Beweis-Regeln können dazu benutzt werden, die Korrektheit eines parallelen Programmes zu zeigen. Dies geschieht durch eine Spezifikation der geforderten Vor- und Nachbedingungen eines Programms oder Programmstücks. Kann nun mit Hilfe der Beweisregeln die spezifizierte Nachbedingung aus der ebenfalls gegebenen Vorbedingung zu einem parallelen Programm P abgeleitet werden, so ist damit bewiesen, daß das parallele Programm P bezüglich seiner Spezifikation aus Vor- und Nachbedingung korrekt ist.

Im Folgenden soll die Schreibweise "i.x" die Variable x im lokalen Speicher des Rechners i (PE[i]) bezeichnen. Ebenso bezeichnet "i.e" einen Ausdruck e auf Rechner i.

Parallele Zuweisung

$$\{\, p\,[\, \forall i\!:\ i.e \mid i.x\,]\,\}\ \texttt{parallel x := e endparallel}\ \{\, p\,\}$$

Parallele Sequenz

$$\frac{\{p\}\ \texttt{parallel S1 endparallel}\ \{r\}\ ,\ \{r\}\ \texttt{parallel S2 endparallel}\ \{q\}}{\{\,p\,\}\ \texttt{parallel S1; S2 endparallel}\ \{\,q\,\}}$$

Parallele Verzweigung

$$\{m\}\ \texttt{parallel S1 endparallel}\ \{q\}\ ,\ \{n\}\ \texttt{parallel S2 endparallel}\ \{q\}$$

$$\{\ \forall i:\ (i.e\ \&\ m\ \vee\ \neg i.e\ \&\ n)\ \}\quad \texttt{parallel}$$
$$\texttt{if e then S1 else S2 end}$$
$$\texttt{endparallel}\quad \{\,q\,\}$$

Paralleler Datenaustausch

$$\{\ p\ [\forall i\ \text{mit direction}(i) \neq \perp:\ i.x\ |\ \text{direction}(i).x]\ \}\quad \texttt{parallel}$$
$$\texttt{propagate.direction(x)}$$
$$\texttt{endparallel}\quad \{\,p\,\}$$

8.4 Bestimmung von Vorbedingungen

Hier sollen nun die im letzten Abschnitt aufgestellten Beweisregeln für die parallele Zuweisung, die parallele Sequenz, die parallele Verzweigung und den parallelen Datenaustausch zur Bestimmung von Vorbedingungen (*assertions*) verwendet werden.

A) Parallele Zuweisung

Die parallele Zuweisung verlangt die Substitution der Variablen x auf allen lokalen Speichern. Dazu folgendes Beispiel, wobei die Vorbedingung zu bestimmen ist :

Beispiel 8.1: Vorbedingung einer Zuweisung

$$\{??\}\ \texttt{parallel x := x + 1 endparallel}\ \{2.x \geq 5\}$$

Damit die Nachbedingung erfüllt ist, muß nach obiger Beweis-Regel folgende Vorbedingung erfüllt sein:

$$\{\ 2.x \geq 5\ [\forall i:\ i.e \mid i.x\ ]\ \}$$

Da nur Rechner Nr. 2 in der Nachbedingung vorkommt, können wir den All-Quantor auflösen, indem wir nur den Term für Rechner 2 verwenden:

$$\{\ 2.x \geq 5\ [\ 2.(x{+}1) \mid 2.x\ ]\ \}$$

Direkte Substitution von "2.(x+1)" für "2.x" ergibt nun die gesuchte Vorbedingung:

$$\{\ 2.(x{+}1) \geq 5\ \}$$

Dieses kann noch arithmetisch vereinfacht werden:

$$\underline{\{\ 2.x \geq 4\ \}}$$

Falls also vor Ausführung der Inkrement-Anweisung die lokale Variable x auf Prozessor Nr. 2 einen Wert größer oder gleich 4 besitzt, dann hat diese Variable auf dem gleichen Prozessor nach der Ausführung einen Wert größer oder gleich 5.

B) Parallele Sequenz

Die Beweis-Regel für die Hintereinander-Ausführung von zwei parallelen Anweisungen entspricht genau der für den sequentiellen Fall. Um dies zu verdeutlichen, kann man eine parallele Sequenz auch mit der folgenden Regel auflösen.

Rewrite-Regel für parallele Sequenzen

```
parallel S₁; S₂ endparallel   ≡   parallel S₁ endparallel;
                                   parallel S₂ endparallel;
```


C) Parallele Verzweigung

Bei der parallelen Verzweigung (paralleles `if`) muß für jedes einzelne PE, das in der Nachbedingung auftritt, eine der beiden assertions, entsprechend dem `then`-Zweig oder dem `else`-Zweig erfüllt sein.

Beispiel 8.2: *Vorbedingung einer Verzweigung*

```
{??}  parallel
         if x=0 then y:=1 else y:=2 end
      endparallel   {5.y = 1}
```

Da Prozessor 5 der einzige ist, der in der Nachbedingung erwähnt ist, muß gelten:

```
{5.x=0 & m  ∨  5.x≠0 & n}  parallel
                             if x=0 then y:=1 else y:=2 end
                    endparallel      {5.y=1}
```

wobei außerdem gilt:

```
{m} parallel y:=1 endparallel {5.y=1}
{n} parallel y:=2 endparallel {5.y=1}
```

Die letzteren beiden können nun genau wie zuvor in Teil *A* aufgelöst werden zu:

```
{1=1} parallel y:=1 endparallel {5.y=1}
{2=1} parallel y:=2 endparallel {5.y=1}
```

Im ersten Fall ist die Vorbedingung wahr (m = `true`), das heißt sie wird durch jede **beliebige Bedingung** erfüllt. Im zweiten Fall ist die Vorbedingung falsch (n = `false`), so daß dieser Fall **niemals** eintreten kann!

Die erhaltenen Werte für m und n können nun in die ursprüngliche Vorbedingung eingesetzt werden:

```
{5.x=0 & true ∨ 5.x≠0 & false}   =
{ 5.x = 0 }
```

Das bedeutet, daß der Wert der Variablen x auf Prozessor 5 vor Ausführung der parallelen `if`-Anweisung den Wert 0 gehabt hat.

D) Paralleler Datenaustausch

Zuletzt noch einige Anmerkungen zur Beweis-Regel der propagate-Anweisung. Da sie nur innerhalb eines parallelen Blocks auftreten darf, wurde sie auch in der Beweis-Regel zwischen diesen Schlüsselworten eingeschlossen. Um die Nachbedingung p zu erfüllen, muß eine Vorbedingung gegeben sein, die sich aus p durch die Substitution aller lokalen Variablen x auf dem Nachbar-Prozessor von PE_i (definiert durch die connection-Spezifikation) ergibt. Diese *"remote-Variablen"* werden mit den alten Werten der Vorgänger-Rechner substituiert.

Beispiel 8.3: Vorbedingung eines kollektiven Datenaustausches

```
{??} parallel propagate.rechts(x) endparallel {0.x = 1}
```

Wobei folgende Netzwerk-Topologie vorliegt:

```
CONFIGURATION  ring [0..9];
CONNECTION  rechts: ring[i]  →  ring[(i+1) mod 10].links;
            links:  ring[i]  →  ring[(i-1) mod 10].rechts;
```

Nach der Beweisregel muß zur Erfüllung der Nachbedingung die folgende Vorbedingung erfüllt sein:

$$\{ 0.x = 1 \ [\forall i \text{ mit rechts}(i) \neq \bot: \ i.x \mid \text{rechts}(i).x] \ \}$$

Da in der connection-Deklaration die modulo-Funktion zur Nachfolger-Bestimmung verwendet wurde, ist die Topologie ein geschlossener Kreis; jedes PE hat einen Vorgänger und einen Nachfolger. Deshalb ist der Ausdruck "rechts(i) $\neq \bot$" immer erfüllt, kein Port eines PE läuft ins Leere. Mit dem Einsetzen der Definition "(i+1) mod 10" für die Abbildungs-Vorschrift "rechts(i)" ergibt die Auflösung des All-Quantors:

$$\{ 0.x = 1 \ [\ 0.x \mid 1.x, \ 1.x \mid 2.x, \ 2.x \mid 3.x, \ \ldots, \ 8.x \mid 9.x, \ 9.x \mid 0.x \ ] \ \}$$

Alle zehn Substitutionen müssen gleichzeitig (parallel) ausgeführt werden, das heißt insbesondere, daß kein Wert überschrieben wird, bevor er zur Substitution eines anderen Wertes gelesen wurde. Da in der assertion nur eine lokale Variable auftritt, können alle nicht-zutreffenden Substitutionen wegfallen.

$$\{ 0.x = 1 \ [\ 9.x \mid 0.x \ ] \ \}$$

Die Ausführung dieser Substitution ergibt dann die gesuchte Vorbedingung:

$$\underline{\underline{\{ \ 9.x = 1 \ \}}}$$

Falls also vor Ausführung der propagate-Anweisung die lokale Variable x auf Rechner Nr. 9 den Wert 1 besitzt, dann hat die diese Variable auf Rechner Nr. 0 nach der Ausführung den Wert 1. Voraussetzung ist hierbei natürlich die oben spezifizierte Ring-Topologie.

9. Datenstrukturen und Datentypen

Für die Umsetzung des parallelen Modells in eine prozedurale Programmiersprache wurden Datenstrukturen und Datentypen weitgehend von Modula-2 übernommen. Bei der Deklaration von Variablen muß jedoch erneut das zugrundeliegende Maschinenmodell berücksichtigt werden. Da es eine logische Zweiteilung des parallelen Systems in den zentralen Steuerrechner und ein Netzwerk aus identischen Prozessoren mit lokalem Speicher gibt, muß sich diese Strukturierung auch bei den Datenstrukturen fortsetzen. Deshalb gibt es eine Unterscheidung zwischen "Skalaren", dies sind Variablen, die genau einmal auf dem Steuerrechner existieren und "Vektoren", welche für jeden der spezifizierten Prozessoren in dessen lokalem Speicher existieren. Um den parallelen Prozessoren die Möglichkeit zu geben, ihre eigene Position oder Identifikationsnummer zu erfahren, gibt es mehrere vordefinierte Vektor-Konstanten. Das Typkonzept wurde um ein Einheitenkonzept erweitert, so daß jede Variable oder Konstante zusätzlich zu ihren Datentyp auch eine physikalische oder selbst definierte Einheit besitzen kann. Die physikalischen Einheiten des internationalen Systems SI sind vordefiniert; es können aber auch neue Einheitensysteme in der Sprache selbst definiert werden. Beim Rechnen mit Einheiten müssen Konsistenzregeln eingehalten werden, die Fehler im Programm schneller erkennen lassen. Eine Übersicht über Einheitensysteme in anderen Programmiersprachen beendet dieses Kapitel.

9.1 Deklaration von Variablen

Jede Variablen-Deklaration wird unterschieden in Vereinbarungen, die sich ausschließlich auf den Steuerrechner beziehen, und in solche, die nur für jeden der parallelen Prozessoren und deren lokale Speicher gültig sind. Erstere Deklarationen werden mit dem Schlüsselwort `scalar`, letztere mit dem Schlüsselwort `vector` eingeleitet. In keinem Fall kann eine Variable für den Steuerrechner und eine Variable für die parallelen PEs mit dem gleichen Namen bezeichnet werden. Variablen für den Steuerrechner werden im Folgenden als "skalare Variablen" bezeichnet, während die Variablen für die parallelen Prozessoren "vektorielle Variablen" genannt werden. Aus Modula-2 ([Wir83]) wurden Datenstrukturen und Datentypen weitgehend übernommen (siehe Anhang A).

In den arithmetischen und logischen Ausdrücken eines Programms dürfen skalare und vektorielle Variablen nur in bestimmten Situationen gemischt auftreten. Die nachfolgenden Regeln legen dies fest:

- skalare Variable dürfen sowohl innerhalb als auch außerhalb eines Parallel-Blocks auftreten,
- vektorielle Variable dürfen nur innerhalb eines Parallel-Blocks auftreten.

Wichtige Ausnahmen zur zweiten Regel bilden die in Kapitel 7 vorgestellten Operationen zum Datenaustausch zwischen Steuerrechner und parallelen Prozessoren, das heißt also zwischen skalaren und parallelen Variablen. Die Operationen `load`, `store` und `reduce` führen den Datenaustausch zwischen skalaren und vektoriellen Variablen in beiden Richtungen aus. Um eine größere Sicherheit gegen Programmierfehler zu erreichen, darf die Verwendung dieser Operationen nicht durch eine reguläre Zuweisung mit intuitiv unterschiedlicher Semantik umgangen werden. Dadurch wird die Unterschiedlichkeit im Zeitbedarf zwischen einer einfachen Zuweisung und dem wesentlich aufwendigeren Datenaustausch unter Rechnern ausgedrückt.

9.1.1   Variablen des Steuerrechners

Der Steuerrechner bildet das "Front-End" des parallelen Systems. Er entspricht für sich genommen dem konventionellen von-Neumann Rechnermodell. Generell kann die Gesamtheit des hier verwendeten SIMD-Maschinenmodells als ein von-Neumann-Rechner mit einer angehängten Funktionseinheit ("Back-End") angesehen werden, wobei die Steuereinheit durch spezielle, jedoch **sequentielle** Kommandos die Funktionseinheit bedient.

Beispiel 9.1: Deklaration von Variablen für den Steuerrechner

```
SCALAR    i,j:   integer;
          k,l:   real;
```

9.1.2   Variablen der parallelen Prozessoren

Alle im System vorhandenen parallelen Prozessoren sind identisch und sie verfügen über gleich viel lokalen Speicherplatz. Dabei handelt es sich allerdings ausschließlich um Datenspeicher und nicht um Programmspeicher. Dieser ist für das ganze System bestehend aus Steuerrechner und beliebiger Anzahl von parallelen Prozessoren nur einmal vorhanden, und zwar im Steuerrechner. Dies gilt auch für den Kontrollstack, der Prozeduraufrufe und Rückkehr-Umgebungen verwaltet. Hingegen besitzt jedes PE einen eigenen Datenstack, der unter anderem die für einen Prozeduraufruf angeforderten lokalen Variablen enthält.

Beispiel 9.2: Deklaration von lokalen Variablen für alle parallelen Prozessoren

```
CONFIGURATION my_topology [Max_PE];
. . .
VECTOR    a,b:   integer;
          c,d:   real;
```

```
     entspräche bei gemeinsamem Speicher:

   VAR   a,b: ARRAY[1..Max_PE] OF integer;
         c,d: ARRAY[1..Max_PE] OF real;
```

Abbildung 9.1 zeigt schematisch die Speicherbelegung für Zentralrechner und parallele PEs für die Deklarationen in Beispiel 9.1 und 9.2. Jedes PE besitzt einen eigenen kompletten Satz von Variablen (a bis d), deren Werte sich von den Variablen anderer PEs unterscheiden können.

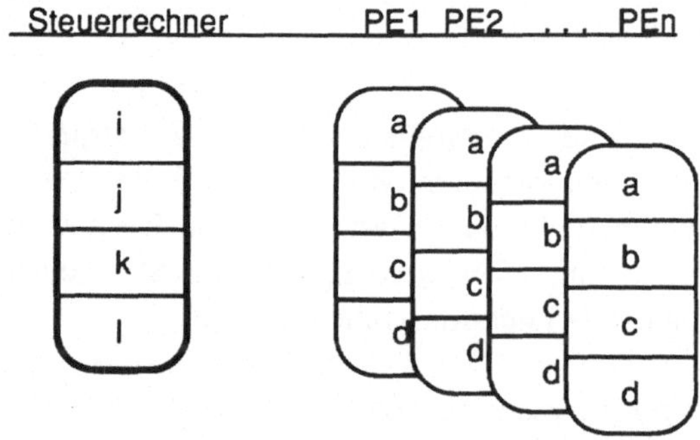

Abbildung 9.1: *Skizze der Speicherbelegung*

9.2 Konstanten

Aus Pascal und Modula-2 sind folgende Klassen von Konstanten bekannt:

- Zahlen (`integer`- oder `real`-Konstanten),
- Zeichen und Zeichenketten,
- Boolesche Werte (`true` und `false`),
- Werte von Aufzählungstypen.

In Parallaxis wird diese Reihe um Vektor-Konstanten erweitert. Dies sind Konstante auf Systemebene, deren Komponenten (für je ein PE) aber im allgemeinen unterschiedliche Werte annehmen. Vordefiniert sind:

- **`id_no`**
  Diese Konstante darf nur innerhalb eines parallelen Blockes auftreten. Sie liefert für jeden Prozessor seine systemweit eindeutige Identifikations-Nummer. Diese Konstante hat also für jedes PE einen anderen Wert!

- **`dim<i>`**
  Diese Konstanten dürfen nur innerhalb eines parallelen Blockes oder in einer Block-Selektion auftreten. Gemäß der `configuration` Spezifikation wird der Positionswert eines jeden PEs für die i-te Dimension (in der Reihenfolge der Spezifikation) repräsentiert.
  Demnach besitzt eine zwei-dimensionale Gitterstruktur: dim1 und dim2.
  <u>Anschaulich:</u> `id_no = [dim1, dim2, ..., dimn]`

Parallaxis erlaubt auch die Angabe von Record-Ausdrücken und konstanten Records, wobei der Typname eines entsprechend deklarierten Records als Funktor verwendet wird. Voraussetzung ist allerdings, daß auch die Typen der einzelnen Komponenten mit der Definition des entsprechenden Rekordelementes paarweise übereinstimmen.

<u>Beispiel 9.3</u>: Record-Typdefinition und Record-Konstante

```
TYPE projekt =    RECORD
                      name          : string;
                      startjahr     : integer;
                      implementiert : boolean;
                  END;
SCALAR  p1,p2:    projekt;
        jahr :    integer;
```
```
p1 := projekt("Parallaxis",  1986, TRUE);
p2 := projekt("Imagination", jahr, FALSE);
```

9.3 Erweitertes Datentypkonzept

Eines der Hauptziele dieser Arbeit ist es, Techniken bereitzustellen, die ein effizientes *und* sicheres paralleles Programmieren ermöglichen. Das strikte Typkonzept ist dafür eine Voraussetzung. Es wird an dieser Stelle sogar noch darüber hinausgegangen und die Möglichkeit zur Definition und Deklaration von *Größen mit Einheiten* gegeben, die bei arithmetischen Operationen mitverarbeitet werden und deren Konsistenztests eine weitere wertvolle Hilfe zur frühen Fehlererkennung während der Übersetzung bilden. Jede Variable und jeder Datenwert besitzt nun nicht nur einen strikten Datentyp, sondern sie können auch noch zusätzlich eine Einheit tragen. Zuweisungen oder arithmetische Ausdrücke von Werten die inkompatible Einheiten besitzen führen zu Fehlermeldungen.

Das klassische Typkonzept unterscheidet nur solche Datenklassen, die auch im Rechner eine unterschiedliche Repräsentation besitzen. Ein Beispiel dafür sind die beiden Datentypen `integer` und `real`, deren Werte normalerweise einen unterschiedlich großen Speicherbereich belegen. Darüber hinausgehend kann man in manchen Programmiersprachen, darunter Pascal, Teilbereiche von Standardtypen zu einer neuen Datenklasse zusammenfassen und somit die zulässige Wertemenge eingrenzen. Hier haben wir also Datenelemente, die die gleiche Speicherrepräsentation besitzen, aber dennoch verschiedenen Klassen von Daten angehören. Um diese Datenwerte semantisch korrekt ineinander umwandeln zu können, muß eine Typkonvertierungs-Funktion aufgerufen werden (z. Bsp.: `ord`). Diese Funktion erzeugt bei den meisten Implementierungen keinerlei Code; sie ist also nur eine redundante Pseudofunktion. Somit entsteht zur Laufzeit **kein Overhead**, da diese Funktionen nur im Quellcode erscheinen und nicht mehr im übersetzten Maschinenprogramm.

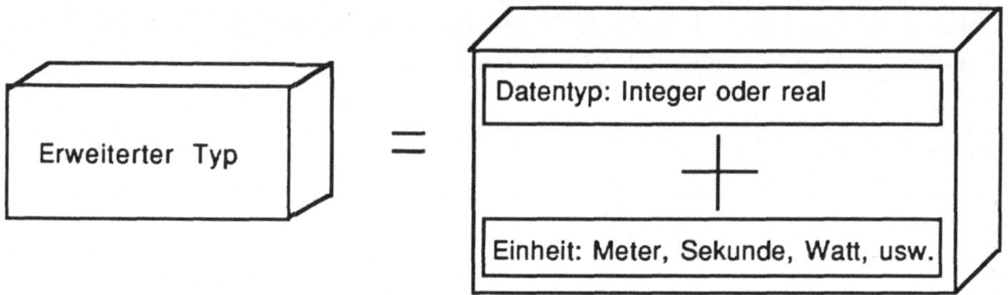

Abbildung 9.2: *Skizzierung der erweiterten Typen-Theorie*

Der logisch nächste Schritt ist demnach die Einführung von Einheiten, zusätzlich zu den Standardtypen. Das bedeutet, daß zum Beispiel eine Variable vom Typ `integer` auch zugleich mit der Einheit Meter (oder einer beliebigen anderen vorgegebenen oder selbst definierten Einheit) deklariert werden kann. Die Zuweisung eines Ausdrucks und die arithmetischen Operationen können nur dann ausgeführt werden, wenn die Einheiten-Regeln befolgt werden. Falls dies nicht der Fall ist, erfolgt wie bei der Verletzung des konventionellen Typkonzeptes eine Fehlermeldung.

Variablen sowie formale Prozedurparameter können bei ihrer Deklaration außer dem Typ auch noch eine Einheit (Standard oder selbst definiert) erhalten, sofern es sich um einen der einfachen Typen `integer` (einschließlich Teilbereichstyp und Aufzählungstyp) oder `real` handelt. Der Einheitenname wird hierbei dem Typnamen vorangestellt. Da im Regelfall der Typ gleich `real` ist, darf der Typname in diesem Fall auch weggelassen werden und statt dessen **nur** der Einheitenname angegeben werden (default). Aus Variablen mit Einheiten können auch beliebig komplexe Datenstrukturen (`array`, `record`) aufgebaut werden.

<u>*Beispiel 9.4:*</u> *Deklaration von Variablen mit Einheiten*

```
SCALAR    kraft :   force integer;
VECTOR    laenge:   distance real;   (* der Typname kann entfallen *)
          zeit  :   time;            (* ebenfalls vom Typ "real"   *)
```

Jede Variable behält die ihr bei der Deklaration gegebene Einheit bei und kann auch nur Werte des festgelegten Datentyps mit eben dieser Einheit annehmen. Um einem beliebigen Ausdruck ohne Einheit eine bestimmte Einheit zu geben, wird der Name des Maßes der Einheit nach dem Ausdruck hinzugefügt. Durch diese Definition ist es auch möglich, Konstanten mit Einheiten zu verwendet.

Beispiel 9.5: Konstanten und Ausdrücke mit Einheiten

```
CONST  hoehe = 27.12 m;      ←  m steht für Meter

zeit := (2*x - p) s          ←  s steht für Sekunde
```

Im umgekehrten Fall erhält man den reinen Zahlenwert eines Ausdrucks mit einer beliebigen Einheit durch Verwendung der Standardprozedur `value`. Die Einheit eines Ausdrucks liefert hingegen die Standardprozedur `measure`.

Beispiel 9.6: Umwandlung zwischen skalarem und dimensioniertem Ausdruck

```
value   (27 s)   →   27
measure (27 s)   →   1 s
```

<u>Es gilt:</u>   i ≡ value(i) * measure(i)

Durch die in den folgenden Abschnitten vorgestellten Konstrukte wird in Parallaxis das Einheiten-Konzept verwirklicht. Physikalische, chemische, kaufmännische und beliebige andere Programmier-Anwendungen können damit ihre natürlichen Einheiten auch im Programm verwenden. Dies schafft mehr Klarheit, Lesbarkeit und Übersicht im Programm und dient insbesondere der Fehlererkennung. Es gilt folgende Aussage:

> *Bei einem Programm, welches durch das erweiterte Typkonzept mit Einheiten programmiert wurde, kann der Compiler mehr semantische Fehler entdecken als bei dem gleichen Programm ohne Einheiten.*

Das Beispiel-Programm 9.7 zeigt den Einsatz von Einheiten für eine physikalische Berechnung. Zur Demonstration wurden vordefinierte Standard-Einheiten neu definiert. Auf diese Konstrukte wird in den folgenden Abschnitten noch genauer eingegangen.

Beispiel 9.7: Variablen mit Einheiten

```
DIMENSION      (* Basis-Einheiten *)
               distance   [m];
               time       [s];


               (* Abhängige Einheiten *)
               velocity      =   distance / time;
               acceleration  =   velocity / time;


VECTOR         Strecke        :  distance real;
               Zeit           :  time real;
               Geschwindigkeit:  velocity real;
               FalscheStrecke :  distance real;
...
PARALLEL
  Strecke := 100 m;
  Zeit    := 2*Zeit + 9.9 s;
  Geschwindigkeit := Strecke / Zeit; (* Einheit m/s *)
  FalscheStrecke  := Geschwindigkeit / Strecke          ← FEHLER
ENDPARALLEL
```

$$\uparrow \qquad\qquad \uparrow \qquad\qquad \uparrow$$

Einheit: distance [m] := velocity $[\frac{m}{s}]$ /   distance [m]

ergibt: m   und $\frac{1}{s}$

Diese Einheiten sind nicht kompatibel!

9.4 Vordefinierte Einheiten

Standardmäßig sind in Parallaxis die physikalischen Einheiten des Internationalen Einheitensystems (système international d´unités, "SI") vordefiniert, die in Europa seit 1970 gesetzlich festgelegt sind. Dieses System bildet eine Erweiterung des zuvor gebräuchlichen mks-Systems. Damit lassen sich viele physikalische Berechnungen direkt, ohne weitere Definitionen, mit den zugehörigen physikalischen Maßgrößen: Meter, Kilogramm, Sekunde, usw., durchführen.

9.4.1   Basiseinheiten

Die nachfolgenden Einheiten sind die Basiseinheiten des Internationalen Systems, das
heißt, diese (hier: physikalischen) Größen können selbst nicht durch andere Größen abgeleitet
werden. Die Einheiten von Basisgrößen können nicht weiter vereinfacht werden.

Basisgröße	in Parallaxis	Einheit
Entfernung in Meter	(distance)	[m]
Masse in Kilogramm	(mass)	[kg]
Zeit in Sekunden	(time)	[s]
Stromstärke in Ampere	(current)	[A]
Temperatur in Kelvin	(temperature)	[K]
Stoffmenge in Mol	(matter)	[mol]
Lichtstärke in Candela	(luminosity)	[cd]

<u>Als Potenzen sind definiert:</u>

Fläche	(area)	$[m^2]$
Volumen	(volume)	$[m^3]$

Für mehrere Maßeinheiten sind verschiedene Größenordnungen bereits vordefiniert, die
jeweils alle untereinander kompatibel sind und wenn nötig automatisch ineinander umgerechnet
werden:

1 d	=	24 h	1 h	=	60 min
1 min	=	60 s	1 s	=	1000 ms

1 km	=	1000 m	1 m	=	100 cm
1 cm	=	10 mm	1 l	=	$0.001\ m^3$

1 t	=	1000 kg	1 kg	=	1000 g
1 g	=	1000 mg			

Um Umrechnungen zwischen dem système international und dem angelsächsischen
System zu erleichtern, wurden einige dieser Einheiten zusätzlich in das Parallaxis-System als
Standard mit aufgenommen. Sie können in gleicher Weise wie die metrischen Maße verwendet
werden. Falls nötig, werden Werte vom und ins metrische Maß konvertiert; der neue Zahlenwert wird dabei automatisch berechnet. Die vordefinierten angelsächsischen Maße sind:

1 inch	=	2.54 cm	1 foot	=	30.48 cm
1 pound	=	16 ounce	1 ounce	=	0.02835 kg
1 gallon	=	$0.003785\ m^3$	1 fluid_ounce	=	$0.000284\ m^3$

(ebenso Potenzen, zum Beispiel: $1\ inch^2 = 6.4516\ cm^2$)

9.4.2 Abgeleitete Einheiten

Die nachfolgenden physikalischen Größen sind abgeleitete Größen im Internationalen System. Sie sind durch zwei oder mehrere Basisgrößen definiert. Einige der abgeleiteten Größen besitzen eigene Einheiten-Bezeichner. Diese sind jedoch nur als eine abkürzende Schreibweise für ein Produkt oder einen Quotienten aus Basiseinheiten zu verstehen. Die vordefinierten abgeleiteten Größen und ihre Einheiten sind:

A) Mechanische Einheiten

Geschwindigkeit	(velocity)	[m/s]			
Beschleunigung	(acceleration)	$[m/s^2]$			
Kraft	(force)	[N]	*"Newton"*	=	$[kg*m/s^2]$
Arbeit / Energie	(energy)	[J]	*"Joule"*	=	$[kg*m^2/s^2]$
				=	[N*m]
Drehmoment	(torque)	[N*m]			
Impuls	(impulse)	[kg*m/s]			
Druck	(pressure)	[Pa]	*"Pascal"*	=	$[N/m^2]$
				=	$[kg/(m*s^2)]$
Leistung	(power)	[W]	*"Watt"*	=	$[kg*m^2/s^3]$
				=	[J/s] = [A*V]

B) Elektrische Einheiten

Ladung	(charge)	[C]	*"Coulomb"*	=	[A*s]
Kapazität	(capacity)	[F]	*"Farad"*	=	[C/V]
Spannung	(voltage)	[V]	*"Volt"*	=	[W/A]
Widerstand	(resistance)	[Ohm]	*"Ohm"*	=	[V/A]
				=	$[kg*m^2/(s^3*A^2)]$

9.5 Definition von neuen Einheiten-Systemen

Das Parallaxis-System bietet die Möglichkeit, neue Einheiten-Systeme selbst zu definieren. Dabei sind keine Einschränkungen gegeben, außer daß bei der Definition einer abgeleiteten Einheit alle verwendeten Größen ihrerseits definiert werden müssen (als Basis- oder abgeleitete Einheiten). Alle verwendeten Bezeichner für Größen und deren Einheiten dürfen im gesamten Programmsystem nicht durch andere Bezeichner (z.B. Variablen-Bezeichner) mit gleichlautendem Namen überdeckt werden. Hingegen können alle vordefinierten Einheiten- und Größen-Bezeichner durch Bezeichner anderer Programmelemente überdeckt werden.

9.5.1 Definition von neuen Größen

Neue Größen und ihre zugehörigen Einheiten (gleich ob Basis- oder abgeleitete Einheiten) werden in Parallaxis mit dem Schlüsselwort `dimension` definiert. Durch Semikolons getrennt folgen zunächst die Namen der neuen Basis-Größen mit ihren in eckigen Klammern eingeschlossenen zugehörigen Einheiten. Die Einheiten für verschiedene Größen dürfen gleich sein, jedoch darf keine Größe mehrmals definiert werden. Zum Beispiel haben im SI die verschiedenen Größen Arbeit und Drehmoment die gleiche Einheit *Newtonmeter*. Es handelt sich hier um eine funktionale Abbildung von Größennamen auf Einheiten.

Anschließend können abgeleitete Einheiten definiert werden, welche auf den Basis-Einheiten aufbauen. Falls keine neuen Basiseinheiten benötigt werden, folgen die neuen abgeleiteten Einheiten direkt nach dem Schlüsselwort `dimension`. Durch Semikolon getrennt folgen nun die Definitionen. Diese bestehen aus dem Namen der neuen Größe sowie nach dem Gleichheitszeichen einem multiplikativen Ausdruck, der als Operationen nur Multiplikation ("*"), Division ("/") und Potenzierung ("^"), sowie als Operanden ausschließlich andere Größen enthalten darf. Ausnahmen bilden die Konstante "1" zur Kehrwertbildung sowie ganzzahlige Exponenten bei einer Potenz. Für jede abgeleitete Größe kann optional eine zugehörige (abgeleitete) Einheit als Kurzschreibweise vereinbart werden (wie z. Bsp. *Newton* anstelle von $kg*m/s^2$).

Beispiel 9.8 Definition von neuen Einheiten-Systemen in Parallaxis

```
   (* 1. Druckerqualität *)
DIMENSION
   (* Basis-Einheiten *)
   Papier    [Blatt];  (* Papier wird hier in Blatt gemessen *)
   Zeit      [min];    (* Zeiteinheit ist die Minute         *)
   Preis     [DM];     (* Preise sind in Deutscher Währung    *)


   (* Abgeleiteten Einheiten *)
   Drucker_Leistung   =   Papier / Zeit;
        (* Der Wert für die Leistung hat das Maß der Papier-
           menge je Zeiteinheit *)


   Qualität           =     Preis * Drucker_Leistung  [GK];
        (* Bei der Annahme, daß ein höherer Preis
           mit einer höheren Qualität verbunden ist. *)
```

```
   (* 2. Zinsrechnung *)
   DIMENSION    Geld    [DM];
                Zeit    [Tage];
                Zins    = 1 / Zeit;
   UNIT         Jahre   = 365 Tage;
```

```
SCALAR   Konto      :   Geld;
         Laufzeit   :   Zeit;
         Zinssatz   :   Zins;
         Ertrag     :   Geld;
...
Konto      := 5000 DM;
Laufzeit   := 3 Jahre;
Zinssatz   := (3/100) / (1 Jahre);
Ertrag     := Konto * Zinssatz * Laufzeit;
...
```

Im ersten Beispiel wurden die Basisgrößen Papier, Zeit und Preis eingeführt und darauf aufbauend die Größen Drucker_Leistung und Qualität definiert. Die Größe `Drucker_Leistung` erhält automatisch die Einheit: `Blatt / min`; die Qualität besitzt bei dieser Definition die Einheit: `DM * Blatt / min`, welche äquivalent zu der neu eingeführten "Güteklassen-Einheit": `GK` ist. Das zweite Beispiel zeigt die einfache Definition von Größen / Einheiten zur sicheren Programmierung von kaufmännischen Berechnungen.

9.5.2   Definition von weiteren Einheiten-Größenordnungen

Zu jeder Größe können mehrere Einheiten verwendet werden. Zum Beispiel ist es beim Rechnen mit physikalischen Größen von Vorteil, verschiedene Größenordnungen einer Einheit zur Verfügung zu haben (also z.B.: Milligramm, Gramm, Kilogramm, Zentner, Tonne, usw. je nach Anwendungsbereich). Ebenso kann man bei kaufmännischen Problemstellungen verschiedene Währungen in einem Ausdruck miteinander verrechnen, ohne sich explizit um die Umwandlung kümmern zu müssen.

In Parallaxis können weitere Einheiten-Definitionen im Anschluß an die `dimension` Definitionen folgen. Diese werden durch das Schlüsselwort `unit` eingeleitet und sind durch Semikolons getrennt. Jede Definition besteht aus dem Namen der neuen Größenordnung, gefolgt von einem Gleichheitszeichen, einer Zahl als Umrechnungsfaktor und eine zuvor definierte Einheit als Bezugsgröße.

Beispiel 9.9: *dimension- und unit-Sprachkonstrukte*

```
DIMENSION   Geld   [DM];
UNIT        Pf    =       0.01  DM;
            Mio   =    1000000  DM;
```

Mit Hilfe der `unit` Definition kann man hier die Berechnungen mit Variablen der Einheit Geld nicht nur in der "Standardeinheit" DM machen, sondern es ist genauso möglich, zur Vereinfachung des Programms die anderen Größenordnungen derselben Einheit DM (hier Pfennige und Millionen) einzusetzen. Explizite Umrechnungen der verschiedenen Größenordnungen in die Standardeinheit sind nicht nötig.

9.6 Regeln beim Rechnen mit Einheiten

Ursprüngliche Idee bei der Erweiterung des Typkonzeptes um Einheiten war die Erhöhung der Programmier-Sicherheit, das heißt eine verbesserte Möglichkeit zur Fehlererkennung. Dementsprechend existieren Regeln, die das Rechnen mit dimensionierten Variablen (gemeint sind hiermit Variablen, welche mit einer Einheit deklariert wurden) **einschränken** um Fehler frühzeitig zu finden.

Einschränkende Regeln treten an zwei Stellen auf:

> 1.   Zuweisung
> 2.   Arithmetische Operationen

Bei der Zuweisung gilt:

Die berechnete Einheit des zuzuweisenden Ausdrucks muß gleich (bzw. kompatibel) der deklarierten Einheit der Zuweisungs-Variablen sein. Zwei Maße gelten in diesem Zusammenhang als kompatibel:

a)   wenn sie verschiedene Größenordnungen voneinander sind.
     z. B.: Meter (m) und Millimeter (mm)

b)   wenn sie die gleiche Einheit im SI und dem angelsächsischen System beschreiben.
     z. B.: Kubikmeter (m^3) und Gallone (gallon)

Die zahlenmäßige Umrechnung wird bei der Einheiten-Konvertierung automatisch durchgeführt. Bei der Konvertierung von Meter nach Millimeter wäre dies zum Beispiel der Faktor 1000, bei Kubikmeter nach Gallonen der Faktor 264,2 .

Bei arithmetischen Operationen gilt:

- Addition und Subtraktion (x + y, bzw. x - y):
  Beide Operanden müssen den gleichen Typ und die gleiche (oder eine kompatible) Einheit besitzen.

- Multiplikation und Division (x * y, x / y, x div y):
  Beide Operanden müssen den gleichen Typ besitzen. Die Einheiten sind bei diesen Operationen **beliebig!** Die Einheit des Ergebnisses der Operation ergibt sich aus dem Produkt, beziehungsweise dem Quotienten der Einheiten der Operanden. Diese neue Einheit wird dabei soweit wie möglich vereinfacht ("Bruch kürzen").

- **Restbildung** (x mod y):
  Beide Operanden müssen vom Typ `integer` oder `real` sein. Die Einheiten sind bei dieser Operation beliebig. Der Ergebniswert erhält die Einheit des ersten Operanden (hier mit "x" bezeichnet).

- **Potenzierung** (x ^ y):
  Beide Operanden müssen vom Typ `integer` oder `real` sein. Der Exponent y darf **keine** Einheit besitzen, während die Einheit von x beliebig ist. Die Einheit des Ergebnisses ist gleich der Einheit von x potenziert mit dem einheiten-freien Skalar y. Beim Spezialfall der Wurzel (y = 1/2) wird der Exponent der Einheit von x halbiert. Generell gilt, daß als Ergebnis wieder eine **ganzzahlige** Einheiten-Potenz erscheinen muß, sonst liegt ein Fehler vor.

Beispiel 9.10: *Potenzierung mit Einheiten sowie mögliche Fehlerquellen*

$$(4\,\text{m})^2 \;\rightarrow\; 16\,\text{m}^2$$
$$(4\,\text{m})^{2\,\text{s}} \;\rightarrow\; \textbf{Fehlermeldung}$$
$$(4\,\text{m})^{\text{x}} \;\rightarrow\; \textbf{Warnung, wenn x Variable (s. u.)}$$
$$\sqrt{4\,\text{m}^2} \;\rightarrow\; 2\,\text{m}$$
$$\sqrt{4\,\text{m}} \;\rightarrow\; \textbf{Fehlermeldung}$$

Alle Konsistenzprüfungen werden vom Compiler zur Laufzeit durchgeführt. Ebenso wie das konventionelle Typkonzept erzeugt das um Einheiten erweiterte Typkonzept keinen Verwaltungsaufwand zur Laufzeit eines Programms. Bei der Potenzierung eines Einheitenwertes mit einer Variablen kann die Konsistenz zur Übersetzungszeit jedoch nicht allgemein garantiert werden. Deshalb wird vom Compiler an dieser Stelle eine Warnung erzeugt (siehe Beispiel 9.11). Konstante Exponenten in Bruchschreibweise (z. Bsp.: `x^(1/4)`) werden vom Compiler gesondert behandelt, um Rundungsprobleme zu vermeiden. Der Potenzierungsoperator hat eine höhere Priorität als multiplikative Operatoren.

Beispiel 9.11: *Potenzierung mit Variablen*

```
SCALAR x: distance;
       y: volume;
       z: integer;
...
read(z);
y := x^z;    ←    Ergebniseinheit des Ausdrucks ?
```

In einem arithmetischen Ausdruck können Zahlenwerte auch mit einem komplexen *Term aus Einheiten* versehen werden. Um jedoch klar zwischen der Einheit eines arithmetischen Faktors und dem Rest eines Ausdruckes unterscheiden zu können, muß jeder Zahlenwert mit Einheit, der in einem Ausdruck auftritt, in Klammern eingeschlossen werden:

```
X := 20 m/s;              ←    Keine Klammern nötig.
Y := (20 m/s) * (10 s);   ←    Klammern sind erforderlich!
```

9.7 Verwandte Arbeiten

Eine sehr gute Einbeziehung des Einheiten-Konzeptes in eine höhere Programmiersprache findet sich in der Roboter-Programmiersprache AL von Mujtaba und Goldman (siehe [Muj81]), die an der Stanford University entwickelt wurde. Dort wurde Pascal um einige Konzepte zur Robotersteuerung erweitert, unter anderem um für diese Applikation geeignete Datenstrukturen wie Vektoren, Matrizen, Transformationen, Rotationen und Frames, wobei jede Variable außer ihrem Datentyp auch eine physikalische Einheit erhalten konnte. Die Idee, ein physikalisches (oder allgemein: beliebiges) Einheitensystem in eine Programmiersprache zu integrieren ist allerdings älter. In ihrem Beitrag über die "incorporation of units" [Kar78] datieren M. Karr und D. Loveman den Ursprung dieser Idee auf 1960 und die Entwicklung der Programmiersprache ATLAS. Sie beschreiben die sich natürlich ergebenden Rechenregeln für Daten mit Einheiten und geben Ideen zu einer Matrix-orientierten Implementierung an. Meine Kritik an der Vorgehensweise von Karr und Loveman richtet sich gegen die Art der Repräsentation. Es existiert keine Trennung zwischen einer Größe (z.B.: Entfernung) und ihrer Einheit (im Bsp.: Meter, [m]). Außerdem wird hier nicht zwischen echt abgeleiteten Größen (z.B.: Geschwindigkeit als abgeleitete Größe von Entfernung und Zeit) und anderen Größenordnungen von Einheiten derselben Größe unterschieden (z.B.: mm oder km). Diese hier angesprochenen Punkte wurden in Parallaxis im Rahmen einer umfassenden, homogenen Modellierung des Einheitenkonzeptes gelöst.

P. Hilfinger [HiP88] beschreibt eine Implementierung des Einheiten-Konzeptes in der Programmiersprache Ada *ohne Zuhilfenahme von zusätzlichen Sprachkonstrukten*. Dabei stellt sich heraus, daß das naive ("straightforward") Vorgehen, nämlich die Definition neuer Datentypen für Einheiten sowie neuer arithmetischer Operationen, prinzipiell die Anforderungen der erweiterten Typen-Theorie erfüllt. Jedoch wächst der Aufwand für die arithmetischen Funktionen mit *Operator-Overloading* kombinatorisch mit der Anzahl der verwendeten Basis- und abgeleiteten Größen. Werden nur dyadische Operatoren verwendet, so beträgt die Anzahl der Definitionen je Operator bei n Größen mit Einheiten immer noch 2^n, eine Anzahl, die diesen Ansatz für praktische Anwendungen ausschließt. Eine differenzierte Fehlermeldung ist ebenfalls unmöglich, da verbotene Operationen zwischen Einheiten (z.B. die Addition von Längeneinheiten und Zeiteinheiten) durch das Fehlen des entsprechenden Operator-Overloadings repräsentiert sind. Der Anwender erhält daher im Fehlerfall eine völlig unzutreffende Fehlermeldung, die er nicht eindeutig einer Fehlerquelle zuordnen kann.

Eine differenziertere Implementierung in Ada (ebenfalls in [HiP88]) führt bei jedem Ausdruck einen Vektor mit Einträgen zu jeder definierten Größe mit. Zum Beispiel könnten drei Größen geordnet definiert sein: (Entfernung, Zeit, Masse) mit Einheiten m, s und kg. Abgeleitete Größen können nur durch Multiplikation oder Division von bekannten Größen entstehen. Daher kann jede Kombination dieser Einheiten durch einen ganzzahligen Vektor beschrieben werden, wobei jede Komponente den Exponenten für die entsprechende Basisgröße darstellt. Im obigen Beispiel mit drei Basisgrößen beschreibt (1, 0, 0) eine Entfernung in Metern und (0, 1, 0) eine Zeit in Sekunden. Abgeleitete Größen wären zum Beispiel die Geschwindigkeit (1, -1, 0) in Metern durch Sekunde, oder die Kraft (1, -2, 1) mit Einheit [kg*m / s^2]. Diese Implementierung erfüllt die meisten Anforderungen an die erweiterte Typentheorie und beschränkt sich auf vorhandene Sprachkonstrukte. Dennoch gibt es auch bei dieser Implementierung Unzulänglichkeiten, die bei den in der Programmiersprache Ada vorhandenen Möglichkeiten nicht zu vermeiden sind, bei einer *neuen, vollständigen* Sprachdefinition mit Einheiten allerdings nicht auftreten dürfen:

1. Jeder Wert mit einer Einheit benötigt zusätzlichen Speicherplatz für den Einheiten-Vektor mit n Komponenten bei n Größen.

2. Die Konsistenz-Prüfungen können erst zur Laufzeit durchgeführt werden. Dies erfüllt nicht die ursprünglichen Forderung nach einer frühzeitigen Fehlererkennung (zur Übersetzungszeit) und bedeutet zusätzlichen Overhead!

In [Sch88] stellt H. J. Schneider einen Präprozessor zur Implementierung des Einheitenkonzeptes in Pascal vor. Dieser Beitrag baut im Wesentlichen auf den Artikeln von Karr / Loveman und Hilfinger auf. Die Implementierung besitzt gravierende Einschränkungen im Vergleich zu AL oder Parallaxis:

- Es existiert keine klare Trennung zwischen (physikalischer, etc.) Größe und Einheit.

- Basiseinheiten müssen bei der Einheiten-Deklaration besonders gekennzeichnet werden (diese Unterscheidung erfolgt in Parallaxis automatisch).

- Es ist nicht möglich, abgeleitete Größen (und zugehörige Einheiten) aus Basiseinheiten zu definieren. Dies ist allerdings eine Minimalanforderung an jedes Einheitensystem und schränkt die Einsatzmöglichkeiten dieses Systems erheblich ein!

Das Programmieren mit physikalischen Größen und die Verwendung von Variablen mit Typ und Einheit hat sich im anwendungsorientierten Zusammenhang bewährt. Jedoch scheint eine vollständige Implementierung in einer konventionellen Programmiersprache ohne die Integration neuer Sprachelemente nicht möglich zu sein. Die Einführung von neuen Sprachkonstrukten trägt sowohl zur Übersichtlichkeit und Verständlichkeit eines Programmes, als auch zu verbesserter Fehlererkennung bei, ohne einen Aufwand zur Laufzeit zu verursachen. Die hier vorgestellte Typentheorie von Parallaxis stellt eine Erweiterung des in AL implementierten Einheitensystems dar.

10. Implementierung des Parallaxis-Systems

In diesem Kapitel wird die Implementierung des Parallaxis-Systems beschrieben, welches sich in einen Compiler und einen Simulator gliedert. Der Compiler erzeugt aus einem Parallaxis-Programm einen parallelen Zwischencode, der auf einer parallelen Hardware leicht in ein paralleles Maschinenprogramm übersetzt werden könnte, hier jedoch zunächst nur von einem SIMD-Simulator ausgeführt wird, da keine geeignete parallele Hardware zur Verfügung steht. Das Einheitenkonzept wurde über einen unabhängigen Precompiler realisiert. Der Simulator arbeitet als Interpreter für die assemblerähnliche, jedoch maschinen-unabhängige Zwischensprache, die hier exakt definiert wird. Es handelt sich um Drei-Adreß-Code für arithmetisch-logische Befehle, bedingte und unbedingte Verzweigungen, Prozeduraufrufe, explizite Stack-Operationen und einige spezielle Befehle für die Parallelausführung. Die Realisierung einer parallelen Schleife auf dieser niederen Ebene wird durch Verwendung der beiden Grundoperationen parallele Verzweigung und Datenreduktion zur Rückkopplung gezeigt. Im Anschluß an die Beschreibung von Compiler und Simulator werden Werkzeuge zur Umsetzung der funktionalen Beschreibung einer Verbindungstopologie in eine graphische Darstellung beschrieben und die Debugging-Hilfen des Systems vorgestellt.

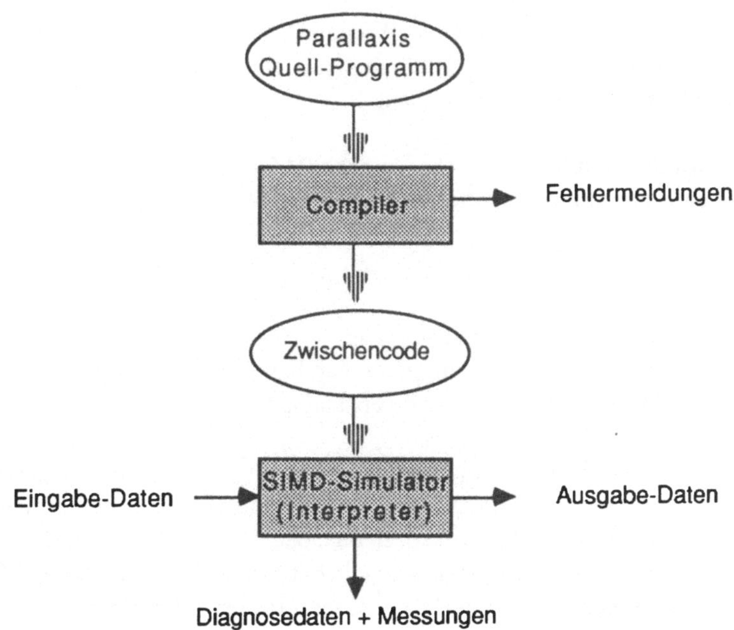

Abbildung 10.1: Diagramm zur Implementierung des Parallaxis-Systems

10.1 Definition der Schnittstelle

Zwischen Parallaxis Programm und ausführbarem parallelem Maschinencode soll eine Schnittstelle geschaffen werden. Dazu dient die Definition einer parallelen Zwischensprache (*intermediate language*) auf relativ primitiver Ebene. Der Vorteil ist, daß nun ein Großteil der Übersetzungsarbeit von einem **maschinen-unabhängigen** Compiler geleistet werden kann. Der Schritt von der Zwischensprache zum ausführbaren Programm kann nun durch einen von der jeweiligen Hardware abhängigen, Assembler-ähnlichen Übersetzer durchgeführt werden. Steht keine parallele Hardware zur Verfügung, so kann ein einfacher Simulator den Zwischencode direkt interpretieren. Der Entwurf für eine Zwischensprache sollte also sowohl die Möglichkeit berücksichtigen, daß ein Programm in Zwischencode von einem Parallelcode-Erzeuger weiterverarbeitet wird, als auch daß es direkt simuliert wird. Die Zwischensprache muß daher unabhängig von der Art der Weiterverarbeitung und dem Maschinenmodell des Implementierungsrechners sein.

10.2 Definition der parallelen Zwischensprache

Der Zwischencode für ein Parallaxis Programm besteht aus einer Beschreibung in der parallelen Zwischensprache, die im folgenden mit *PARZ* abgekürzt wird. Die Syntax-Beschreibung von PARZ findet sich im Anhang B.

Der Entwurf der parallelen Zwischensprache PARZ orientiert sich an der für Parallaxis zugrunde gelegten **abstrakten parallelen Maschine**. Die Zwischensprache soll folgende Eigenschaften erfüllen:

- maschinenunabhängig
- Komplexität auf Assembler-Niveau
- mit geringem Aufwand interpretierbar, bzw. weiter-compilierbar
- auch für Menschen lesbar und verständlich

Neben den prinzipiellen Operationen wie Zuweisung, arithmetische Operationen, Variablen-Deklaration, Ein-/ Ausgabe Operationen für den Steuerrechner, sowie Prozedur-Vereinbarung und -Aufruf, gibt es in PARZ auch spezielle Operationen, die die Parallel-Konzepte von Parallaxis unterstützen. Nur so ist es möglich, die in der Hardware vorhandenen Möglichkeiten voll auszuschöpfen als Basis für leistungsfähige Hochsprachen-Operationen.

Jedes PARZ-Programm ist in die Schlüsselworte `start` und `stop` eingeschlossen. Nach der Angabe der Anzahl der verwendeten PEs und der Anzahl der Ports je PE folgt eine beliebige Anzahl von Verbindungs-Spezifikationen. Es schließen sich die Deklarationen für Variablen des Steuerrechners und Variablen auf jeder der parallelen Einheiten an. Bis zum abschließenden Schlüsselwort `stop` werden nun die Programmanweisungen in PARZ angegeben, wobei jede Anweisung ihre Zeilennummer als Label erhält.

10.2.1 Spezifikation der Verbindungen

Jede zwischen den PEs existierende Verbindung wird in PARZ für jedes PE und jeden Port explizit in einer Zeile repräsentiert. Die Darstellung ist dabei:

<von PE> <von Port > **TO** <nach PE> <nach Port>

Beispiel 10.1: Ausschnitt einer Verbindungs-Spezifikation in PARZ

```
START
100   PE
  4   PORTS
1  1    TO    2   3
1  2    TO   11   4
2  1    TO    3   3
2  2    TO   12   4
...
STOP
```

Jede einzelne Verbindung muß also separat dargestellt werden. Diese einfache Methode ermöglicht die Darstellung von jeder beliebigen Verbindungsstruktur, jedoch fehlen die Übersichtlichkeit, Ausdrucksstärke und Eleganz von Parallaxis. Dies wird an dieser Stelle aber auch nicht benötigt, denn die Aufgabe dieser Zwischensprache ist einzig die kompakte Repräsentation eines Programms aus einer Hochsprache auf niederer Ebene ohne Informationsverlust.

Parallaxis erlaubt die Anordnung von Prozessoren in logischen Dimensionen, auf die sich die Transfer-Funktionen zum Verbindungsaufbau beziehen können. PARZ hingegen kennt nur eine feste Anzahl von Prozessoren in linearer Ordnung, ohne Dimension. Die Abbildung zwischen der übersichtlicheren Repräsentation der Verbindungsstrukturen und Topologien in Parallaxis auf die unstrukturierte Ebene von PARZ ist eine der Aufgaben des Compilers.

10.2.2 Variablen-Deklarationen

Vor dem Anweisungsteil sowie für jede Prozedur innerhalb des Anweisungsteils wird dynamisch Speicherplatz für Variablen angelegt. Dies gliedert sich jeweils in Variablen für den Steuerrechner, beziehungsweise für jede der parallelen PEs. PARZ unterscheidet zwischen Variablen vom Typ boolean, char, integer und real. Für jede dieser Typklassen werden fortlaufende Kennnummern vergeben. Diese laufen von 1 bis zur Anzahl der für den Steuerrechner deklarierten Variablen (im folgenden als *skalaren Variablen* bezeichnet) beziehungsweise der Anzahl der für jedes PE deklarierten Variablen (im folgenden mit *Vektor-Variablen* bezeichnet) des jeweiligen Typs. Skalare Variablen beginnen mit dem Buchstaben s, Vektor-Variablen mit v. Lokale Variablen werden im Prozedurkopf deklariert und (beginnend mit 1) fortlaufend durchnumeriert. In Abwandlung der von N. Wirth in [Wir81] beschriebenen Methode (absolute anstelle relativer Ebenen-Bezeichnung) ist jede Variable im Zwischencode durch zwei Zahlen definiert:

- Die absolute Ebenen-Nummer in der statischen Verkettung und
- Die relative Nummer innerhalb der umgebenden Prozedur

Durch diese Methode kann auch auf Variablen außerhalb der gerade aktuellen Prozedur zugegriffen werden. Wird in einer nicht geschachtelten Prozedur auf lokale Variablen zugegriffen, so haben diese die gleiche Ebenen-Nummer wie die Prozedur selbst, während globale Daten aus jeder Prozedur die Ebenen-Nummer 0 haben. Die Umsetzung dieser strukturierten Variablen-Adressen auf die absoluten Adressen im Stack erledigt der Simulator, beziehungsweise das Laufzeitsystem des Codegenerators. Explizite Stackoperationen ermöglichen rekursive Prozedur-Definitionen. Auf sie wird im anschließenden Abschnitt näher eingegangen.

Beispiel 10.2: Deklaration von Variablen

```
SCALAR  I 4  R 1
VECTOR  I 2  B 1  C 1  I 10
```

In diesem Beispiel werden für den Steuerrechner vier Variablen vom Typ integer (bezeichnet durch SI0:1 .. SI0:4) sowie eine Variable vom Typ real (bezeichnet mit SR0:1) deklariert. Für jedes der parallelen PEs werden zwei integer-Variablen (VI0:1 und VI0:2), je eine boolesche und eine char-Variable (VB0:1, bzw. VC0:1), sowie zehn weitere integer-Variablen (VI0:3 bis VI0:12) vereinbart.

Arrays, Records und andere komplexe Datenstrukturen können in PARZ nicht direkt verarbeitet werden. Jedoch kann für sie Speicherplatz mit Hilfe einer geklammerten Deklaration angelegt werden und der Datenzugriff als indirekte Adressierung erfolgen. Die Abbildung von strukturierten Datentypen auf die PARZ zugrundeliegenden Typen muß von Compiler vorgenommen werden.

Beispiel 10.3: Geklammerte Speicherplatzreservierung

```
SCALAR  100 ( I 3 R 2 )
```
reserviert 300 Integer- und 200 Real-Speicherplätze in Gruppen zu
fünf, z. B. für ein "Array of Record" mit fünf Komponenten

Auch die erweiterte Typtheorie mit Einheiten existiert auf dieser Ebene der Abstraktion nicht mehr. Einheiten werden vom Compiler nur zur semantischen Analyse und zu Konsistenzprüfungen verwendet. In der Zwischensprache oder zur Laufzeit treten keine Einheiten mehr auf und erzeugen somit auch keinerlei Overhead.

10.2.3 Einfache Befehle

Alle Befehlszeilen beginnen mit der fortlaufenden Zeilennummer, die auch als Label für eine Sprungadresse steht. Nach einem Doppelpunkt folgt der eigentliche Befehl. Ob der Befehl vom Steuerrechner oder allen parallelen Prozessoren ausgeführt werden soll, kann aus dem Befehlsnamen und seinen Parametern eindeutig abgeleitet werden. Enthält beispielsweise eine Zuweisungs-Operation Vektor-Variablen, so wird diese automatisch auf den parallelen Prozessoren ausgeführt. Das gleiche gilt für arithmetische Berechnungen oder `if`-Verzweigungen. Die Operation `propagate` wird immer parallel ausgeführt, während die Operationen `read`, `write`, `load`, `store` und `goto` stets auf dem Steuerrechner ausgeführt werden. Nach jedem Befehl steht als Terminator ein Semikolon, woran sich bis zum Zeilenende ein Kommentar anschließen kann.

Beispiel 10.4: *Einfache Anweisungen*

```
1:  VIO:1 := 14;   -- Kommentar --
2:  VIO:2 := VIO:1 * 2;
3:  SRO:1 := 3.14;
```

Die Zuweisung bindet den auszuwertenden Ausdruck an eine skalare oder vektorielle Variable. Dabei dürfen in einem skalaren Befehl ausschließlich skalare Variablen vorkommen, während in einem parallelen Befehl beide Variablenklassen gemischt vorkommen dürfen. Eine wichtige Ausnahme bilden hier die Skalar ↔ Vektor Umwandlungsfunktionen `load`, `store` und `reduce`, welche später beschrieben werden. Auf alle Speicherplätze kann auch indirekt zugegriffen werden, was durch Einschließung in eckige Klammern gekennzeichnet wird. Bei der ersten Variante (siehe Beispiel 10.5) enthält eine integer-Variable die vollständige Adresse, während bei der zweiten Variante nur die fortlaufende Nummer innerhalb einer Schachtelungsebene und eines Typs indiziert ist.

Beispiel 10.5: *Indirekte Adressierung*

```
1. Variante
  SIO:1 := ADDR SRO:123;
  SRO:1 := SR[SIO:1];
2. Variante
  SIO:1 := 123;
  SRO:1 := SRO:[ SIO:1 ];
```

Der Austausch von Datenwerten zwischen skalaren Variablen (auf dem Steuerrechner) und vektoriellen Variablen (auf einer oder mehreren PEs) kann nur mit den folgenden Operationen durchgeführt werden.

-     `LOAD  <vector_var>  WITH  <scalar_arraystart>` *oder*
  `LOAD  <vector_var>  WITH  <scalar_arraystart>  PE  <id_no>`

<u>Datenaustausch:</u> Steuerrechner $\rightarrow$ Alle parallelen Einheiten
Die Vektor-Variable vektor_var ist auf jedem PE vorhanden und soll mit den
Werten eines fiktiven skalaren Arrays belegt werden. Dabei erhält das erste
aktive PE den Wert der angegebenen skalaren Variable (i.a. mit Nummer n)
zugewiesen; die zweite aktive PE erhält nun für die gleiche Vektor-Variable den
Wert der nachfolgenden skalaren Variable (mit Nummer n+1) zugewiesen und
so fort für alle aktiven PEs. Bei der Variante mit angegebener PE-Nummer wird
nur die Variable des spezifizierten PEs geladen.

- ```
  STORE   <vector_var>   TO   <scalar_arraystart>        oder
  STORE   <vector_var>   TO   <scalar_arraystart>   PE   <id_no>
  ```

<u>Datenaustausch:</u> Parallele Einheiten $\rightarrow$ Steuerrechner
Die Vektor-Variable wird von den aktiven PEs gelesen und in das skalare
Array, bezeichnet durch die Startadresse <scalar_var>, auf dem Steuerrechner
eingetragen. Bei der Variante mit angegebener PE-Nummer wird nur die Variable des spezifizierten PEs ausgelesen.

- ```
  REDUCE   <function>   OF   <vector_var>
  ```

<u>Funktionsaufruf zur Reduktion</u> eines Vektors auf allen aktiven PEs zu einem
einzigen skalaren Wert. Dieser Aufruf kann in einer Zuweisung auf der rechten
Seite auftreten.

Bei den Operationen load und store kann durch Beschreiben der Variablen MaxTrans
vor Ausführung eine Maximalzahl zu übertragender Datenelemente festgelegt werden. Nach
Ausführung kann durch Lesen der Variablen ActTrans die Anzahl der tatsächlich übertragenen
Datenelemente in Erfahrung gebracht werden.

Zur Verbindung mit der Außenwelt stehen die einfachen skalaren Befehle read und
write zur Verfügung. Sie ermöglichen das Einlesen einer skalaren Variable, bzw. das Schrei-
ben eines skalaren Ausdrucks (vergleiche Anhang B). Ein-/Ausgabe von vektoriellen Datenwerten kann nur auf dem Weg über den zentralen Steuerrechner erfolgen. Dies erfordert die
Kombinationen: store in ein skalares Array und anschließendes write zum Ausgeben,
beziehungsweise read und load zur Eingabe.

10.2.4   Stackoperationen und Prozeduren

Mit dem Befehl call kann eine parameterlose Prozedur ausgeführt werden. Die Prozedur-Vereinbarung proc nennt zunächst die absolute Schachtelungstiefe innerhalb der statischen
Verkettung (in Beispiel 10.6: 1). Werden keine Prozeduren geschachtelt (wie z. B. in der Programmiersprache "C"), so erhält jede Prozedurvereinbarung in PARZ die Ebenennummer 1.

Daran können sich Deklarationen von lokalen skalaren und lokalen vektoriellen Variablen anschließen, falls die Prozedur diese benötigt. Der Simulator, beziehungsweise das Laufzeitsystem legt für jeden Prozeduraufruf einen Aktivierungsblock auf dem zentralen Stack des Steuerrechners ab. Eine Prozedur wird durch den Befehl `return` abgeschlossen, wodurch zu der Programmzeile die dem Aufruf folgt verzweigt wird. Bei Beendigung einer Prozedur wird der Aktivierungsblock vom Stack entfernt.

Beispiel 10.6: *Vereinbarung und Aufruf einer Prozedur*

```
      ...
  10:   PROC 1 SCALAR I1 VECTOR R1;
  11:     SI1:1 := SI0:1 + SI0:2;
  12:     VR1:1 := VR1:1 / 2;
  13:     WRITE SI1:1;
  14:   RETURN;
      ...
  20:   CALL 10;
      ...
```

Das syntaktische Ende eines Programms wird durch den Befehl `end` angezeigt. Jedoch kann die Ausführung eines Programms an jeder Stelle durch den Befehl `halt` beendet werden. Es gibt keine strukturierten Befehle in PARZ. Zur Steuerung des Kontrollflusses werden folgende Anweisungen zur Verfügung gestellt:

```
•     goto  <label>
•     if  <scalar_cond>  goto  <proc_label>
•     if  <vector_cond>  call  <proc_label>
```

Zu beachten ist hier die Einschränkung auf einen Prozeduraufruf bei vektorieller Auswahlbedingung statt einer beliebigen Programmzeile. Diese Überlegung wird im nächsten Abschnitt näher erläutert. Alle anderen komplexen Kontrollstrukturen müssen vom Compiler in die in PARZ vorhandenen Befehle umgesetzt werden.

Prozeduren in PARZ besitzen keine Parameter. Um eine Prozedur mit Parametern zu realisieren (zum Beispiel bei der Übersetzung eines Parallaxis Programmes nach PARZ) müssen diese als lokale Prozedur-Variablen deklariert werden und deren Werte explizit auf den Stack gelegt (beziehungsweise vom Stack genommen) werden. Da Prozeduren auch rekursiv sein können, ist dies nur durch explizite Verwendung eines Stacks zu erreichen. Mit den Befehlen `pushs` und `pushv` können aktuelle Variablenwerte vor dem Prozeduraufruf auf dem skalaren oder dem vektoriellen Datenstack abgelegt werden, von wo sie mit dem Befehl `pops`, beziehungsweise `popv` innerhalb der Prozedur wieder vom Stack gelesen und entfernt werden. Auch ein Funktions-Ergebnis kann in entsprechend umgekehrter Art an das aufrufende Programm zurückgegeben werden. Zur Realisierung des Parameterübergabe-Mechanismus *call-by-reference*, gegenüber dem zuvor vorgestellten *call-by-value* Mechanismus, kann bei `push` und `pop` auch jeweils die Adresse einer Variablen anstelle ihres Wertes eingesetzt werden.

10.2.5 Die parallele Verzweigung

Es verbleiben nun noch die Befehle um parallele Kontrollstrukturen ausdrücken zu können. Zunächst ist der Befehl `parallel` von Interesse, der die Menge der aktiven PEs für die weiteren Berechnungen festlegt (zu Beginn sind alle im System vorhandenen PEs aktiv). Für jedes PE wird hier die Binärziffer 0 (für inaktiv) oder 1 (für aktiv) angegeben. Die vom Steuerrechner versendeten Kommandos werden nur von den aktiven PEs ausgeführt, alle inaktiven befinden sich im "Schlafzustand". Anstelle der expliziten Angabe eines Bitvektors kann auch eine skalare boolesche Variable verwendet werden, die den Anfang eines Arrays bezeichnet. Dessen Größe muß gleich der Anzahl der definierten Prozessoren sein, damit der Wert je einer Komponente (eines Bits) zur Selektion je eines PEs verwendet werden kann.

Von besonderer Wichtigkeit sind in diesem Zusammenhang die Befehle `if_call` und `if_goto`. Während beim `if_call` skalare und vektorielle Ausdrücke zugelassen sind, dürfen es bei `if_goto` nur skalare Ausdrücke sein. Bei beiden Verzweigungen gibt es nur eine einseitige Auswahl (kein `else`-Zweig), und bei erfüllter Bedingung darf kein beliebiges Kommando, sondern entweder ein Prozeduraufruf (für serielle oder parallele Abarbeitung, `if_call`) beziehungsweise ein Verzweigungslabel (bei serieller Abarbeitung, `if_goto`) erfolgen. Beide Befehle sind bei der skalaren Abarbeitung identisch zur konventionellen Selektionsanweisung. Jedoch zeigt sich bei paralleler Abarbeitung der Sinn eines `if_call` im Gegensatz zum `if_goto`: In einem SIMD System verteilt der zentrale Steuerrechner die Programmbefehle auf die parallelen PEs. Dies bereitet solange keine Schwierigkeiten, wie alle PEs exakt dieselben Befehle erhalten. In dieser Sichtweise treten beim `if` Befehl Probleme auf, denn die Auswertung der Bedingung hängt von PE-lokalen Daten ab und kann somit bei PEa anders ausfallen als bei PEb. Nun teilt sich aber der Kontrollfluß aller Prozessoren zunächst in zwei Ströme und dies setzt sich bei allen folgenden `if` Anweisungen fort. Dies steht jedoch im Gegensatz zur Grundbedingung jedes SIMD Systems, dem **einzigen Kontrollfluß**. Dieses Problem läßt sich bei Beibehaltung des SIMD Rahmens nur durch **Serialisierung** lösen. Die beiden Teilströme für den `then`-Teil und den (möglicherweise leeren) `else`-Teil müssen zeitlich nacheinander abgearbeitet werden, wobei zunächst im `then`-Teil alle die Prozessoren aktiv sind (und die zugehörigen Befehle ausführen), für die die `if` Bedingung zu `true` evaluierte, während alle anderen zunächst inaktiv bleiben. Für den `else`-Teil werden alle bislang inaktiven Prozessoren aktiv und die zuvor aktiven bleiben bis zum Ende des `else`-Teils inaktiv. Auf die Implementierung des `else`-Teils kann im allgemeinen jedoch verzichtet werden, da ein zweiseitiges `if` nicht mächtiger ist als ein einseitiges. Zum Ende der `if` Anweisung werden wieder alle PEs aktiviert, die schon vor der Verzweigung aktiv waren.

Die eben skizzierte Lösung gilt nicht für geschachtelte `if` Anweisungen, denn dort spaltet sich der Kontrollfluß mehrfach und überschreibt in jeder Schachtelungsebene die Menge der zuvor selektierten PEs. Das heißt, beim Zurückgehen aus einem geschachtelten `if` ist die benötigte Auswahl-Information nicht mehr vorhanden. Eine mögliche Vorgehensweise um dies zu vermeiden ist das Anlegen eines lokalen Stacks für jedes PE. Nach Auswertung des Verzweigungsausdrucks legt jedes PE die `if` Schachtelungstiefe zusammen mit dem lokalen Ergebnis der Verzweigungsbedingung auf dem Stack ab. Zu Beginn von `then`- und `else`-Teil sowie am Ende der `if` Anweisung versendet der Steuerrechner "wakeup"-Nachrichten, die von den PEs anhand ihres lokalen Stacks interpretiert werden und deren Aktivierung/Deaktivierung steuern. Am Ende jeder `if` Anweisung wird der Stack um diesen Eintrag verkleinert.

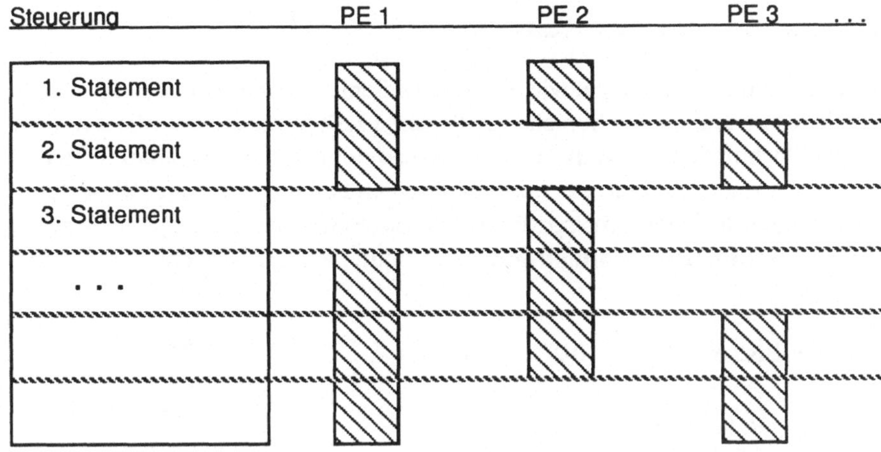

Abbildung 10.2: *Skizzierter Aktivierungsablauf in einem SIMD System*

Bei der hier implementierten Variante entspricht der `then`-Teil einem Prozeduraufruf, während der `else`-Teil immer leer bleibt. Somit ist auch das Ende der `if` Anweisung mit dem Ende (`return`) der entsprechenden Prozedur klar bestimmt. Da für den Prozeduraufruf im Steuerrechner sowieso ein Eintrag in den Kontrollstack erforderlich ist, liegt es nahe, diesen zentralen Stack um einen Bitvektor zu erweitern, wobei eine "1" im Vektor die Aktivität des Prozessors an der entsprechenden Position anzeigt. Für jede `if` Anweisung wird nun einfach zusätzlich zur Return-Adresse der aktuelle Bitvektor des Aktiv/Inaktiv-Zustandes der einzelnen PEs mit abgelegt. Die `return` Anweisung der aufgerufenen Prozedur beendet die `if` Anweisung und restauriert den Programmzähler des Steuerrechners sowie den Aktiv/Inaktiv-Zustand der parallelen PEs. Zwischenzeitliche Aufrufe weiterer Prozeduren stören diese Art der Zustands-Repräsentation eines parallelen Systems in keiner Weise und auch geschachtelte `if` Anweisungen können problemlos verarbeitet werden.

Der Vorteil der hier vorgestellten Lösung gegenüber der zuvor beschriebenen konventionellen Methode liegt in ihrer Einfachheit und besseren Effizienz. Es wird keine neue Datenstruktur benötigt, sondern der bereits vorhandene globale Kontrollstack wird um einen geringfügigen Dateneintrag vergrößert. In den parallelen Prozessoren wird kein zusätzlicher Speicherplatz für Kontrollvariablen benötigt.

<u>*Beispiel 10.7:*</u> *PE-Auswahl und parallele Verzweigung*

```
   . . .
10: PARALLEL   0000111100001111;
11: IF VI0:1 > VI0:2 CALL 20;
   . . .
```

```
20: PROC 1;
21:    VIO:1 := VIO:1 - VIO:2;
22: RETURN;
   ...
```

Es stellt sich nun die Frage, wie eine `while` Schleife (stellvertretend für eine beliebige Schleife) mit den Primitiven der Sprache PARZ dargestellt werden kann. Wie sich herausstellt, kann ausschließlich mit den Primitiven `if_call` und `goto` **keine** Programm-Schleife gebildet werden, so wie es stattdessen mit `if_goto` im skalaren Fall möglich wäre. Dieser Befehl kann jedoch wegen grundsätzlicher Inkompatibilität zu dem SIMD-Modell der parallelen Programmausführung **für vektorielle Bedingungen** nicht implementiert werden!

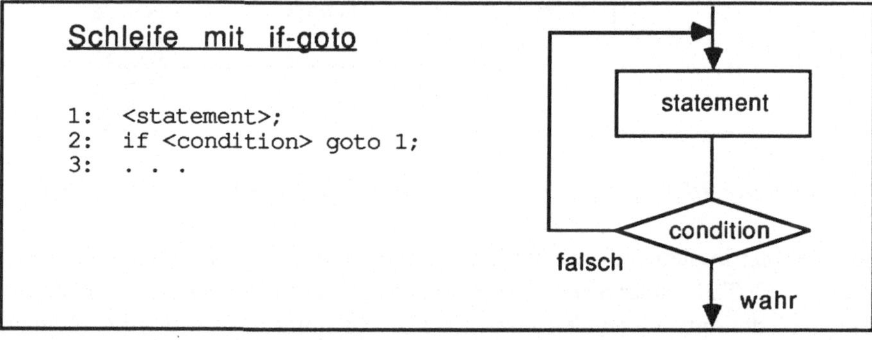

Abbildung 10.3: Konstruktion einer Programm-Schleife mit if_goto

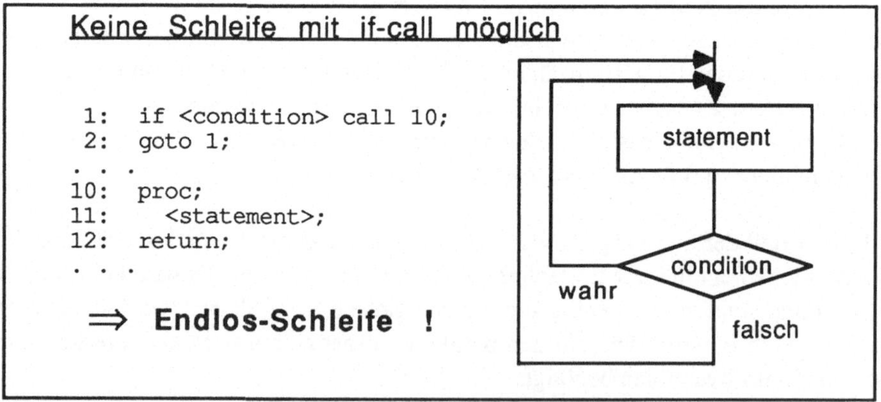

Abbildung 10.4: Auswirkung der unterschiedlichen Semantik von if_call

Die Realisierung einer Schleife unter Zuhilfenahme der `reduce` Funktion als **Feedback** über die aktiven PEs in einer Schleife zeigt Beispiel 10.8 . In der hier gezeigten Lösung wird die Schleifenbedingung zunächst für jeden Prozessor in einer Hilfsvariablen berechnet. Der anschließende `reduce` Befehl ergibt nur dann ein (skalares!) `true`, wenn für mindestens ein PE die Schleifenbedingung `true` ist. Mit der `if_call` Selektion werden alle PEs für eine Prozedur aktiviert, für die die Schleifenbedingung `true` ergab. Diese PEs führen nun den

Schleifenkörper aus, während alle anderen inaktiv bleiben. Das abschließende `if_goto` setzt die Schleifenausführung fort, falls noch mindestens ein aktives PE in der Schleife übrig ist.

Beispiel 10.8: *Realisierung einer while-Schleife mit komplexer Vektor-Auswahlbedingung*

<table>
<tr><td>Parallaxis:</td></tr>
<tr><td>

```
while <vek_expr> do
  <statement_seq>
end;
```

</td></tr>
<tr><td>PARZ (skizziert):</td></tr>
<tr><td>

```
...
50: Vek_hilf  :=  <vek_expr>;
51: IF Vek_hilf    CALL 90;
52: Ska_aktiv :=  REDUCE.OR (Vek_hilf);
53: IF Ska_aktiv  GOTO 50;
...
90: PROC 1;
91:   <statement_seq>
92: RETURN;
...
```

</td></tr>
</table>

Die Hinzunahme des `while_call` Befehls als Sprachprimitivum könnte ausschließlich die Darstellung von Schleifen mit einfachen Auswahlbedingungen erleichtern; im allgemeinen Fall muß jedoch wieder auf die oben gezeigte Realisierung zurückgegriffen werden. Die Implementierung eines einfachen `while_call` kann leicht auf der Implementierung des `if_call` Befehls aufbauen: Statt des bereits inkrementierten Programmzählers wird hierbei der alte Programmzähler auf dem Stack abgelegt.

10.2.6 Der parallele Datenaustausch

Der parallele Datenaustausch, das Senden und Empfangen von Nachrichten zwischen den parallelen Prozessoren über deren Ports wurde bisher noch nicht angesprochen. Dazu ist in PARZ der Befehl `propagate` reserviert. Es handelt sich hierbei um die direkte Abbildung des `propagate` Befehls aus der Hochsprache Parallaxis auf eine tiefere Ebene. Außer der Vektor-Variablen, die die Daten zum Senden beinhaltet und die empfangenen Daten aufnehmen wird, werden auch die Ports für den Datenausgang, bzw. -eingang angegeben. Letztere geben die Richtung des Datenaustauschs an.

<u>*Beispiel 10.9:*</u> *Paralleler Datenaustausch*

```
...
10:   VR0:1 := VR0:2 + 3.14;
11:   PROPAGATE  VR0:1 OUT 1 IN 2;
...
```

Unter der Annahme, daß diesem Beispiel eine kreisförmige Topologie der Prozessor-Anordnung zugrunde liegt, werden die prozessor-lokalen Werte der Vektor-Variablen VR0:1 untereinander zyklisch vertauscht.

10.3 Der Compiler

Der Compiler übersetzt Parallaxis Programme in die maschinenunabhängige parallele Zwischensprache PARZ. Die wesentlichen Aufgaben dieses Compilers sind:

- Syntaktische und Semantische Analyse,
  gegebenenfalls Ausgabe von aussagekräftigen Fehlermeldungen (siehe u.a. Abschnitt 10.6)

- Konsistenz-Prüfung der Einheiten-Deklarationen und deren Anwendungen (gemäß DIMENSION Definition), Generierung von Umrechnungswerten in Ausdrücken, die andere Einheiten als die Basiseinheiten verwenden (gemäß UNIT Definition)

- Umwandlung strukturierter Datentypen in elementare, unstrukturierte Typen

- Umsetzung von Kontrollstrukturen in die in der Zwischensprache vorhandenen Konstrukte

- Erzeugen der spezifizierten Topologie auf der Zwischensprach-Ebene mit linearer Prozessoranordnung, das heißt explizite Vereinbarung aller Netzwerk-Verbindungen

Der Compiler wurde unter Unix in C mit den Tools "lex" und "yacc" [Aho87] erstellt und läuft auf Sun 3 / Sun 4 Workstations, Apollo DN3000 Workstations, IBM-PC AT und Apple Macintosh. Er ist portabel und rechnerunabhängig. Für die Implementierung des Parallaxis Systems auf einer parallelen Hardware muß folglich nur ein Interpreter oder Compiler für den parallelen Zwischencode erstellt werden.

Die Verwaltung von Einheiten und Maßgrößen wurden durch einen Precompiler gelöst. Auf die Implementierung von dynamischen Datentypen sowie auf variante Records wurde in der vorliegenden Version verzichtet. Die folgenden semantischen Vorschriften müssen beachtet werden, da sonst schwer überschaubare Programmzustände entstehen können, sowie außerdem nicht vertretbarer Mehraufwand bei der Übersetzung anfällt:

a) In einer parallelen Prozedur:
Der RETURN Befehl muß immer das letzte Statement der Prozedur sein und darf hier nicht in eine IF Selektion eingeschlossen sein.

b) In einer LOOP Schleife:
In der Schleife darf keine parallele IF_THEN_EXIT Bedingung enthalten sein.

10.4 Der Simulator

Da kein massiv paralleler Rechner zur Verfügung stand, wurde ein Simulator entwickelt, der Programme in der Zwischensprache PARZ interpretiert und ein paralleles Netzwerk aus identischen Prozessoren mit lokalem Speicher und Kommunikations-Ports simuliert.

Der Simulator wurde in sequentiellem Pascal geschrieben und läuft zur Zeit auf den Rechnern: Sun 3 / Sun 4 Workstation, Apollo DN3000 Workstation, IBM PC AT und Apple Macintosh. Der Simulator kann leicht auf jede andere serielle Hardware portiert werden.

Der Simulator kann im Normal- oder im Debug-Modus ablaufen. Im Debug-Modus werden vor und während des Programmlaufes zusätzliche Informationen ausgegeben. Unter anderem wird eine Liste der Netzwerk-Verbindungsstrukturen erstellt und jeder interpretierte Befehl protokolliert (siehe hierzu Anhang C).

Die wichtigsten globalen Datenstrukturen des Simulators sind:

- Interne Repräsentation des Programms in der Zwischensprache PARZ
Array aus Kommandos

- Skalarer Datenstack (= Datenstack des Steuerrechners)
1-dim. Array

- Vektorieller Datenstack (= individueller Datenstack für jedes PE)
2-dim. Array, wobei der erste Index das jeweilige PE auswählt. In der zweiten Komponente hat nun jedes PE einen eigenen Stack, analog zum skalaren Fall.

- Skalarer Kontrollstack
1 dim. Array. Wie bereits im Vorausgehenden erwähnt, wird für das gesamte Rechnersystem, parallele Prozessoren und Steuerrechner, nur ein einziger Kontrollstack für Prozeduraufrufe und Verzweigungen benötigt (SIMD = eindeutiger Kontrollfluß). Dieser Stack befindet sich demzufolge nur auf dem Steuerrechner. Er wurde von den Datenstacks getrennt angelegt, da diese für jedes einzelne PE bereitgestellt werden müssen.

- Verbindungs-Spezifikation

  2-dim. Array mit den Komponenten: PE-Nr., Port-Nr. und Daten-Puffer. Hier werden die Verbindungen zwischen den PEs gemäß der Spezifikation des PARZ-Programmes eingetragen. Während des Simulationslaufes dient diese Datenstruktur bei der Interpretation eines `propagate` Befehls gleichzeitig als Definition und Realisierung des Netzwerkes: Im Daten-Puffer werden die aktuellen gesendeten Werte zwischengespeichert, bis sie vom Nachbar-Knoten gelesen werden.

Im Hauptprogramm wird zunächst die Eingabe-Datei in der Zwischensprache PARZ gelesen und in eine interne Darstellung umgewandelt. Anschließend wird der eigentliche Simulator aufgerufen, welcher die arithmetisch–logischen Befehle der Reihe nach symbolisch ausführt, sowie die Datenverwaltung und Stackverwaltung bei Prozeduraufrufen oder Verzweigungen durchführt. Der Zwischenschritt eines vom Menschen lesbaren Zwischencodes kann eingespart werden, indem der Simulator direkt mit dem Compiler zu einer Einheit verbunden wird. Dies ist jedoch nur dann sinnvoll, wenn *keine* parallele Implementierung angestrebt wird.

Die Programmierumgebung des Simulators des Parallaxis-Systems (hier die Version für den Apple Macintosh) ist in der folgenden Abbildung illustriert (siehe auch Anhang C.1.4).

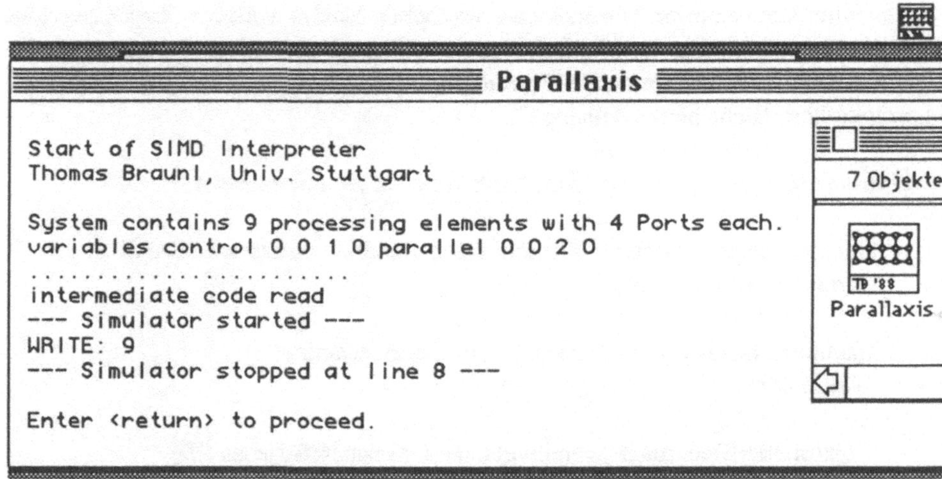

Abbildung 10.5: Interaktiver Simulator-Lauf

10.5 Graphische Darstellung der Netzwerk-Topologie

Mit Hilfe eines unabhängigen Tools kann die Netzwerksstruktur eines Parallaxis Programms auch graphisch dargestellt werden. Die funktionale Topologiebeschreibung wird dazu gelesen und das Netzwerk in einer internen Repräsentation komplett aufgebaut. Der Benutzer kann sich nun die vollständige Topologie oder nur einen Ausschnitt davon auf dem Bildschirm graphisch anzeigen lassen. PEs werden dabei als Polygone (abhängig von der Zahl ihrer Kommunikations-Ports), Verbindungen zwischen PEs als Linien dargestellt.

Bei diesem in Pascal erstellten Programm hat der Benutzer außerdem die Möglichkeit, an einem exemplarischen Prozessorelement die Anordnung der Ports interaktiv festzulegen. Dadurch wird die erwünschte graphische Anordnung der PEs innerhalb der Topologie erreicht. Weil das System von sich aus den Portnamen (wie zum Beispiel: "links", "oben", usw.) keine Semantik zuordnen kann, hilft die vom Benutzer gesteuerte Festlegung ungewohnte (aber dennoch korrekte) Sichtweisen zu vermeiden.

Die graphische Darstellung der Netzwerks-Topologie ist ein Hilfsmittel, welches sehr gut dazu geeignet ist, Fehler in der Spezifikation der Netzwerkstruktur (Diskrepanz zwischen beabsichtigter und spezifizierter Topologie) dem Anwender *sichtbar* zu machen.

10.6 Debugging-Hilfen

Folgende Hilfsmittel zum Debugging stehen dem Parallaxis-/ PARZ-Programmierer außer der bereits erwähnten graphischen Darstellung derzeit zur Verfügung:

- Konsistenz-Prüfungen der Topologie des Verbindungsnetzwerkes
  (ein-eindeutige Prozessor-Port Zuordnung durch Compiler)

- Konsistenz-Prüfungen bei der Selektion im parallelen Block
  (Bereichsüberschreitungen der ausgewählten Prozessoren durch Compiler)

- Prüfung auf Arraygrenzen (Compiler), bzw. Variablennummer (Simulator)

- Initialisierungs-Prüfung beim Lesen von Variablen (Simulator)

- Debug-Befehl zur graphischen Anzeige einer Vektor-Variablen
  (Anzeige des Wertes für jedes PE durch Simulator)

- Setzen und Löschen von Breakpoints (Simulator)

- Single-Step Modus (Simulator)

Darüber hinaus ist als eigenständiges Werkzeug vorgesehen:

- Graphisch orientierte Topologie-Eingabe mit automatischer Umwandlung
  in eine funktionale Spezifikation

11. Systolische Programmierung mit Parallaxis

Hier wird eine große Klasse von möglichen Anwendungen des Parallaxis-Modells vorgestellt. Der Begriff der "systolischen Programmierung" wird am Beispiel einer parallelen Matrix-Multiplikation erläutert. Grundprinzip ist eine hohe Anzahl von identischen Prozessoren, die in einer dem Algorithmus angepaßten regulären, modularen Struktur angeordnet sind und durch ein einfaches Netzwerk untereinander verbunden sind. Durch eine gleichförmige Verarbeitung in "Wellenform" wird ein enorm hoher Parallelitätsgewinn erzielt. Wie im letzten Abschnitt dieses Kapitels beschrieben ist, lassen sich "systolische Arrays" wegen ihrer bemerkenswerten Ähnlichkeit zum parallelen Modell dieser Arbeit sehr leicht in Parallaxis implementieren.

Der Begriff des "systolischen Arrays" wurde 1978 von Kung und Leiserson, [Kun78], eingeführt. Man versteht darunter das Zusammenspiel zwischen paralleler Hardware und einem iterativen, "rhythmischen" Algorithmus. Der Ausdruck *array* bezieht sich auf die Prozessoranordnung der parallelen Hardware. Hier sind die einzelnen Prozessoren oft in einem zweidimensionalen Gitter angeordnet, was für eine Vielzahl von Anwendungen geradezu ideal ist, wie auch für das häufig gewählte Beispiel der parallelen Matrix-Multiplikation. Die Beschreibung *systolisch* deutet an, daß die Berechnungen des Algorithmus in einer Art "Pipeline"-Fortsetzung durch alle Array-Dimensionen hindurch stattfinden sollen.

Systolische Arrays haben gerade in jüngster Zeit durch die zunehmende Verfügbarkeit und die enorme Verbilligung der parallelen Hardware an Aktualität gewonnen. Das IEEE Computer Magazin widmete den systolischen Arrays seine Ausgabe vom Juli 1987, [For87]. Dort finden sich Ansätze verschiedener Forschungsgruppen zur effizienten Implementierung des Konzeptes eines systolischen Arrays in Hardware und Software. Ich möchte hier jedoch nicht auf den konkreten Entwurf einer geeigneten parallelen Hardware eingehen, sondern mich in Hinblick auf das Parallaxis-System auf die abstraktere Ebene eines parallelen Systems mit Algorithmen und ihren zugehörigen logischen Topologien beschränken.

11.1 Parallele Matrix-Multiplikation

Die Matrix-Multiplikation ist ein hervorragendes Anwendungsbeispiel für den Einsatz von systolischen Arrays. Es ist einfach zu verstehen, erzielt einen hohen Wirkungsgrad beim Einsatz der parallelen Prozessoren und ist zudem eine äußerst wichtige Grundoperation bei nahezu allen Problemstellungen in der Robotik / Kinematik und der Bildverarbeitung. In seinem Buch über *Concurrent Prolog* (Kapitel 7 in [Sha87]), beschäftigt sich Shapiro mit systolischen Arrays und deren symbolischer Darstellung in Concurrent Prolog. Die Idee hinter dieser Art von Parallelverarbeitung ist von der verwendeten Programmiersprache unabhängig:

Zur Verarbeitung steht ein zwei-dimensionales Array aus Prozessoren zur Verfügung, die
Daten nach rechts und unten "durchschieben" können. Die Eingabe-Matrizen A und B werden
nun nach und nach zeilenweise, beziehungsweise spaltenweise versetzt von zwei orthogonalen
Seiten in das Prozessoren-Gitter eingegeben (siehe Abbildung 11.1). Bei jedem Verarbeitungsschritt erhält jeder Prozessor ein neues Paar von Elementen, dessen Produkt zur Summe
des betreffenden Ergebniselementes beiträgt. Sind die beiden nach 3n-2 Schritten vollständig
verarbeitet, so steht in jedem Prozessor des zwei-dimensionalen Gitters das zugehörige Ergeb-
niselement der Matrix-Multiplikation.

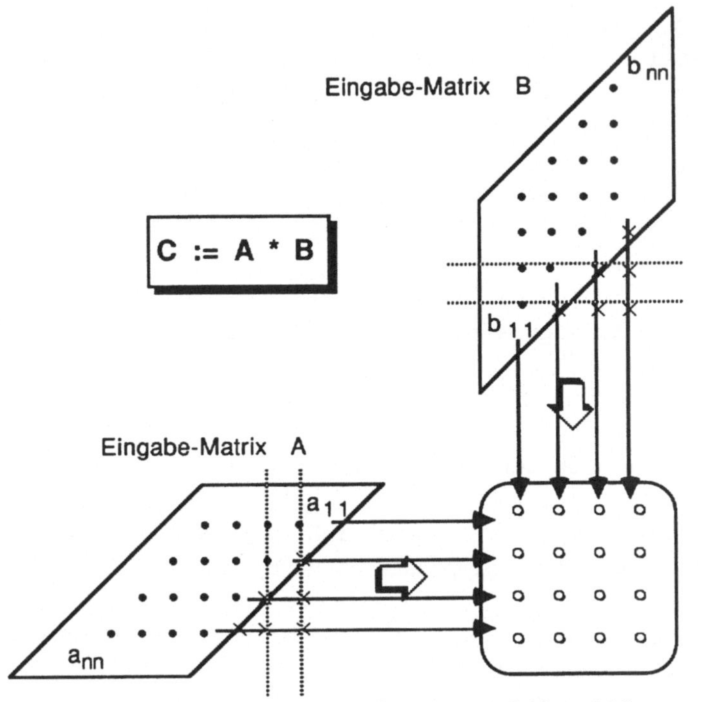

Abbildung 11.1: *Systolische Matrix-Multiplikation nach Shapiro*

Die Multiplikation zweier $n \times n$ Matrizen ist also unter Verwendung von n^2 Prozessoren
in Zeit $O(n)$ möglich.

Das folgende Parallaxis-Programm zeigt die systolische Matrix-Multiplikation gemäß
dem hier vorgestellten Algorithmus, jedoch werden aus Effizienzgründen die Eingabematrizen
in einem Vorverarbeitungsschritt schräg verschoben (zweimal n-1 Schritte), woran sich die
systolische Berechnung mit dem Weiterschieben der Elemente anschließt (n Schritte):

**Beispiel 11.1:** _Matrix-Multiplikation in Parallaxis_

```
SYSTEM  systolic_array;
(* Programm zur systolischen Berechnung des *)
(* Matrixproduktes "c := a * b"             *)
   CONST   max    = 10;
   TYPE    matrix = ARRAY [1..max],[1..max] OF real;
           row    = ARRAY [1..max] OF real;


   CONFIGURATION  grid [max],[max];
   CONNECTION  right:  grid[i,j]  →  grid[i,(j+1) MOD max].right;
               down :  grid[i,j]  →  grid[(i+1) MOD max,j].down;


   SCALAR          i             : integer;
                   a,b,c         : matrix;
   VECTOR          va,vb,result: real;

BEGIN
   (* "read(a,b)" Eingabe der Matrizen a und b *)
   LOAD(va,a);
   LOAD(vb,b);
   PARALLEL
     (* Verschieben der Eingabematrizen als Vorverarbeitung *)
     FOR i:=0 TO max-2 DO
       IF i>=dim1 THEN propagate.right(va) END;
       IF i>=dim2 THEN propagate.down(vb) END;
     END;
     result := 0.0;                        (* Initialisierung *)
     FOR i:=1 TO max DO
       result := result + va * vb;    (* Berechnung      *)
       propagate.right (va);
       propagate.down  (vb);               (* Durchschieben   *)
     END
   ENDPARALLEL;
   STORE(result,c);        (* Auslesen der Ergebnis-Matrix *)
   (* "write(c)" Ausgabe der Ergebnis-Matrix c *)
END systolic_array.
```

Der Algorithmus bezieht sich auf das abstrakte Maschinen-Modell eines zwei-dimensionalen Gitters aus Prozessoren mit Kommunikationswegen nach rechts und unten. Dieser Implementierungsansatz ist erheblich effizienter als ein "naives" Vorgehen, bei dem die in jedem Schritt neu hinzukommenden Zeilen- und Spaltenvektoren sequentiell bestimmt werden. Durch Parallelisierung dieser Teilaufgabe in einem Vorverarbeitungsschritt kann ein erheblicher Teil der Rechenzeit eingespart werden.

11.2 Beziehung zwischen systolischen Arrays und dem Parallaxis-Modell

Die Kombination des Parallaxis-Modells aus Spezifikation der vorhandenen abstrakten Maschine und parallelem Algorithmus ist für die Idee des systolischen Programmierens besonders geeignet. Sich wiederholende, "rhythmische" Verarbeitungsmuster entsprechen den Grundprinzipien der SIMD-Maschinenstruktur. Durch die freie Wahl der Verbindungs-Topologie kann das verwendete parallele System optimal an das systolisch zu lösende Problem angepaßt werden, wodurch eine hohe Effizienz erreicht wird. Während MIMD-Strukturen zu mächtig für diese Art der parallelen Programmierung sind, vermeidet der Einsatz einer SIMD-Struktur den Prozeß-Verwaltungsaufwand und die Probleme, welche bei der Synchronisation der Prozessoren und dem Datenaustausch auftreten können.

Die Frage nach einer geeigneten Hardwarestruktur für systolische Arrays hat somit viel mit der Frage nach einer geeigneten Maschinenstruktur für das Parallaxis-System gemeinsam. Mit Parallaxis wird die Frage nach der passenden Struktur in einer abstrakteren Ebene wiederholt. Die Entwicklung einer effizient-flexiblen, parallelen Hardware für Parallaxis kann daher unter anderem auch für verschiedenste Anwendungen von systolischen Arrays nützlich sein, welche mit Hilfe von Parallaxis implementiert werden.

12. Anwendungen des parallelen Modells

In den folgenden Abschnitten werden eine Reihe von Algorithmen mit inhärenter Parallelität zusammen mit den Implementierungsansätzen in Parallaxis dargestellt. Es werden parallele Lösungsansätze beschrieben für Probleme in den Gebieten Computer-Graphik, Bildverarbeitung, Neuronale Netze und Robotik. Im Bereich der Computer-Graphik wird die Berechnung einer fraktalen Kurve durch parallele Mittelpunktsverschiebung mit einem "divide-and-conquer" Algorithmus realisiert. Nach einer Diskussion der parallelen Bilderzeugung in Parallaxis über "Ray Tracing" folgt ein Abschnitt über die Erkennung von Kanten ("edge detection") in einem digitalisierten Bild mit Hilfe von lokalen Operatoren wie dem Laplace Operator. Die abschließenden beiden Anwendungen zeigen den Rahmen zur Implementierung eines parallelen neuronalen Netzes, sowie eine pipeline-artige Roboter-Positionsberechnung. Weitere, vollständig implementierte Beispielprogramme in den Bereichen Suche, Bildrotation, Primzahlen und Sortieren finden sich in Anhang C.

Eine Vielzahl von bekannten Algorithmen besitzt eine inhärente Parallelität, die mit den Methoden der massiv-parallelen Programmierung ausgenutzt werden kann. Auf einer entsprechenden hoch-parallelen Hardware können solche Programme um Größenordnungen schneller abgearbeitet werden als auf einem sequentiellen Rechner. Wie in [Thi86] dargestellt ist, können solche Algorithmen durchaus um den Faktor 1000 beschleunigt werden, während bei der aufwendigeren Parallelisierung von gewöhnlichen Algorithmen (*"mit aufgezwängter Parallelität"*) ein Geschwindigkeitsgewinn um Faktor 10 oft schon einen Erfolg darstellt. Dies wurde unter anderem für die folgenden, hier nicht näher behandelten Anwendungsgebiete gezeigt:

• Flüssigkeits-Dynamik	[Set88]
• Auswertung von Stereobilden	[Thi86]
• simulated annealing	[Kir84]

Da das Maschinenmodell von Parallaxis gleichsam eine Charakterisierung von massiv parallelen Systemen ist, eignet es sich hervorragend zur Umsetzung von inhärent parallelen Algorithmen in effiziente parallele Programme. Siehe hierzu insbesondere [Brä89a], [Brä89b] und [Brä89c].

12.1 Parallele Bilderzeugung

Ein Anwendungsgebiet, bei dem Datenparallelität besonders elegant eingesetzt werden kann, ist die Computer-Graphik. In einem einfachen Modell kann man ein generiertes Bild als zwei-dimensionales Feld aus Pixeln betrachten, deren Werte mehr oder weniger unabhängig von anderen Pixeln durch gewisse vorgegebene Rechenvorschriften bestimmt werden. Solch ein Ablauf läßt sich sehr einfach parallelisieren, indem für jedes Pixel ein (virtueller) Prozessor eingesetzt wird. Effizientere sequentielle Algorithmen nutzen lokale Kontinuitäten aus, zum Beispiel innerhalb einer Zeile, um damit insgesamt den Rechenaufwand je Pixel zu reduzieren. Doch selbst die direkte Umsetzung der Rechenvorschrift für je einen Pixel in ein datenparalleles Modell ist effizienter als ein sequentieller Algorithmus mit Ausnutzung von lokalen Kontinuitäten, da auch dort mehrere Pixel komplett neu berechnet werden müssen (wegen im Bild enthaltener Diskontinuitäten). Beim datenparallelen Modell wird aber in der Zeit zur Berechnung eines einzigen Pixels das komplette Bild generiert.

12.1.1 Fraktale Geometrie

Der Begriff der "Fraktalen Geometrie" wurde 1975 von B. B. Mandelbrot geprägt. Eine Zusammenfassung von Theorie und Anwendungen findet sich in [Pei88]. Im fraktalen Modell der Geometrie kann es sinnvoll sein, einem geometrischen Objekt eine gebrochene Dimensionszahl zuzuordnen. Während in der klassischen euklidschen Geometrie eine Kurve immer die Dimension eins und eine Fläche immer die Dimension zwei besitzt, kann eine fraktale Kurve auch eine größere Dimensionszahl besitzen. Alle fraktalen Objekte sind "selbst-ähnlich", das heißt ein vergrößerter Ausschnitt des ganzen Objektes ist in Bezug auf verschiedene charakteristische Werte dem Original ähnlich. Wenn nun ein fraktales Objekt aus n selbst-ähnlichen Kopien von sich besteht, welche um den Faktor f (< 1) maßstabsgerecht verkleinert sind, dann errechnet sich die fraktale Dimension dieses Objektes wie folgt:

$$D = \log_{\frac{1}{f}}(n) = \frac{\log(n)}{\log(\frac{1}{f})}$$

Die Dimension D braucht aber keine natürliche Zahl zu sein, wie das bei der euklidschen Geometrie Voraussetzung ist, sondern kann jeden gebrochenen positiven Wert annehmen. Eine mathematische Kurve, die die gesamte Ebene ausfüllt (eine sogenannte "space-filling curve") erhält nach dieser Definition die Dimension 2 und ist in dieser Hinsicht identisch zu einem zwei-dimensionalen Objekt. Die Koch-Kurve (auch Schneeflocken-Kurve genannt) wurde um 1904 zum erstenmal definiert. Sie besteht aus vier Teilen, die alle selbst-ähnlich zum Original sind und um den Faktor 1/3 verkleinert sind. Die Koch-Kurve ist rekursiv definiert und kann für jede beliebige endliche Rekursionstiefe gezeichnet werden, was natürlich immer ein Bild ähnlich zur Abbildung 12.1 ergibt. Nach der obigen Definition besitzt die Koch-Kurve die fraktale Dimension:

$$D_K = \log_{\left(\frac{1}{\frac{1}{3}}\right)}(4) = \frac{\log(4)}{\log(3)} \approx 1.262$$

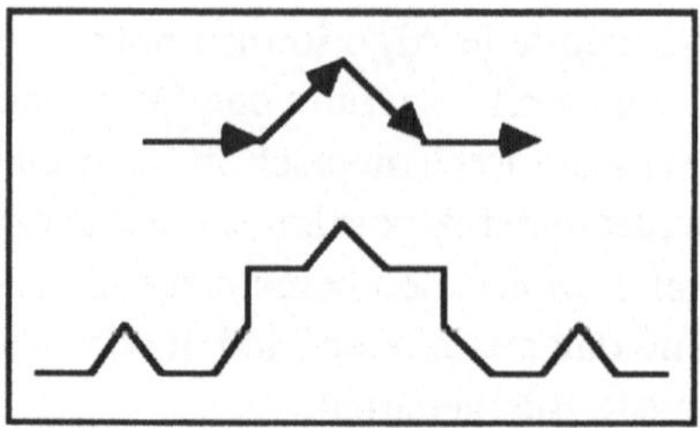

***Abbildung 12.1:** Die Koch-Kurve*

Viele natürliche Objekte wie zum Beispiel Wolken, Gebirge und Küstenlinien besitzen fraktale Eigenschaften. Wolken, wie sie in der Natur vorkommen, können eben nicht durch wenige einfache geometrische Formen beschrieben werden; dies ist mit fraktalen Methoden wesentlich besser möglich. Hieraus ergibt sich die praktische Anwendung der fraktalen Geometrie in der Computer-Graphik. Mit Hilfe von fraktalen Techniken, wie der in Abbildung 12.2 dargestellten Mittelpunkts-Verschiebung, können realistische natur-ähnliche Objekte (wie im Beispiel eine Gebirgslandschaft) erzeugt werden.

Nach dieser allgemeinen Beschreibung folgt nun die praktische Implementierung eines fraktalen Algorithmus in Parallaxis. Es handelt sich hierbei um einen Algorithmus zur Erzeugung einer Brownschen Bewegung durch Mittelpunkt-Verschiebung. Im hier gezeigten eindimensionalen Fall entsteht eine Kurve (angedeutet in Abbildung 12.2), die stark einem Bergrelief ähnelt. Tatsächlich werden ähnliche Algorithmen bei der Konstruktion von "künstlichen Landschaften" in der fraktalen Computer-Graphik verwendet. Im Anschluß folgt zunächst eine Skizze der skalaren Version des Algorithmus in Modula-2, angelehnt an den Algorithmus von D. Saupe in [Pei88], sowie anschließend der in Parallaxis parallelisierte Algorithmus.

<u>*Beispiel 12.1:*</u> *Mittelpunktverschiebung nach Saupe*

```
MODULE fractal;
CONST  maxlevel = 10;
VAR    x,delta: ARRAY[1..1023] OF real;
       i       : integer;

PROCEDURE MidPointRec(low, high, level: integer);
VAR middle: integer;
BEGIN
  middle     := (low+high) DIV 2;
  x[middle] := 0.5 * (x[low] + x[high]) + delta[level]*Gauss();
  IF level < maxlevel THEN
      MidPointRec(low,    middle, level+1);
      MidPointRec(middle, high,   level+1)
  END
END MidPointRec;


BEGIN
  Init(delta);
  MidPointRec(0,1023,1)
END fractal.
```

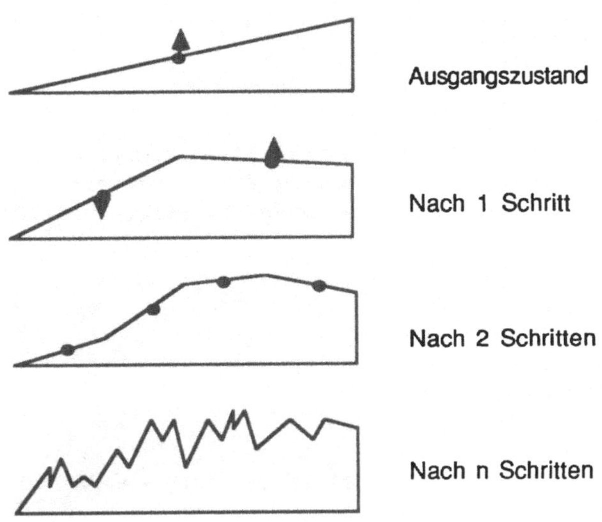

Abbildung 12.2: *Erzeugung eines fraktalen Bergreliefs*

Eine Parallelisierung, oder in diesem Fall besser: Vektorisierung dieses Algorithmus ist direkt nicht möglich, da die Daten zur Berechnung eines beliebigen Kurvenelementes von anderen Punkten abhängen und erst während des Programmablaufs bekannt werden. Da nach der rekursiven Aufteilung der Kurvenlinie in zwei Teile die beiden verbleibenden Teile unabhängig voneinander parallel verarbeitet werden können, bietet sich eine elegante parallele Lösung unter Verwendung einer Binärbaum-Prozessorstruktur an. Das Wurzel-PE repräsentiert das mittlere Kurvenelement und startet den Algorithmus. In jedem Schritt sendet dann ein aktives PE ein logisches Token an seinen linken und rechten Sohn, damit diese im nächsten Verarbeitungsschritt aktiv werden. Sind die Token an der Blattebene angelangt, so ist der Algorithmus abgeschlossen. Abbildung 12.3 zeigt das Verfahren, bei dem die Rekursion des ursprünglichen Algorithmus in eine parallele Iteration aufgelöst wurde.

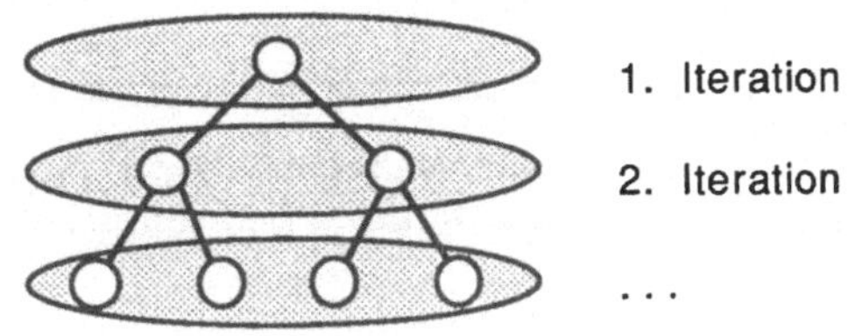

Abbildung 12.3: *Parallelisierungsverfahren durch Iteration über Baumebenen*

Beispiel 12.2: Mittelpunktverschiebung in Parallaxis

```
SYSTEM fractal;
CONST  maxlevel = 10;
(* Spezifikation der Binärbaum-Struktur *)
CONFIGURATION tree [1..1023];
CONNECTION     son_l : tree[i] → tree[2*i].father;
               son_r : tree[i] → tree[2*i+1].father;
               father: tree[i] → {even(i)} tree[i div 2].son_l,
                                 {odd(i)}  tree[i div 2].son_r;
SCALAR  i            : integer;
        delta        : ARRAY[1..10] OF real;
VECTOR  x, low, high : real;
```

```
PROCEDURE MidPointRec(SCALAR delta: real; SCALAR level: integer);
SCALAR  min, max, max2 : integer;
BEGIN
  (* Baumebenen-Auswahl: 2^(level-1) <= id_no <= 2^level - 1 *)
  min := 2^(level-1);
  max := 2 * min - 1;
  max2:= 2 * max + 1;

  PARALLEL
    (* Selektion der aktuellen Baumebene für eigentliche Rechnung *)
    IF min <= id_no <= max THEN
      x := 0.5 * (low + high) + delta*Gauss();
    END;

    (* Selektion diese und nächste Baumebene für Datenweitergabe *)
    IF min <= id_no <= max2 THEN
      (* neue Werte für low, high für linken und rechten Sohn *)
      propagate.son_l(low);
      propagate.son_r(high);
      propagate.son_l(x);
      propagate.son_r(x);
      IF even(id_no) THEN high:=x ELSE low:=x END;
    END
  ENDPARALLEL
END MidPointRec;
```

```
BEGIN (* Hauptprogramm *)
  Init(delta);          (* Feld mit Verschiebungsfaktoren *)
  PARALLEL [1]          (* nur die Wurzel ist aktiv *)
    low   := 0.0;
    high  := 1.0;
  ENDPARALLEL;

  FOR i:=1 to maxlevel DO
    MidPointRec(delta[i],i)
  END;
  ...    (* Ausgabe *)
END fractal.
```

Die hier gezeigte Umsetzung eines rekursiven Algorithmus in eine parallelisierte Version ist keineswegs nur auf die Bilddatenverarbeitung beschränkt. Das gleiche Verarbeitungsmuster (Aufteilung des Problems in zwei Teilbereiche und deren unabhängige Weiterverarbeitung, die demzufolge parallel durchgeführt werden kann) zeigen Algorithmen mit der **Divide-and-Conquer** Strategie. Falls solche Algorithmen nur auf jeweils lokale oder benachbarte Daten zugreifen, können sie mit dem hier angewendeten Verfahren parallelisiert werden.

12.1.2   Ray Tracing Verfahren

Mit dem Ray Tracing Verfahren (siehe unter anderem [Fol82]) lassen sich besonders realistische Computerbilder erstellen. Der natürliche Vorgang des Sehens wird dabei im Modell nachgebildet, nur geht man hier aus Effizienzgründen den umgekehrten Weg. Vom Auge des Betrachters ausgehend werden alle möglichen Lichtstrahlen auf die Bildebene zurückverfolgt. Für jeden einzelnen Strahl werden Kollisionen mit Objekten, Reflexionswinkel, Abschwächung usw. berechnet, bis ein Strahl die Lichtquelle trifft und somit zur Bilderzeugung beiträgt, oder dies nach einer festen Anzahl von Schritten nicht tut und daher wegfällt. Spezielle Bildcharakteristika wie Schatten, Reflexionen und Glanzpunkte entstehen bei diesem Verfahren automatisch und naturgetreu.

Während Ray Tracing Verfahren die zur Zeit realistischsten Computerbilder generieren, sind sie auch für ihren extrem hohen Rechenaufwand bekannt. Durch den Einsatz eines parallelen Systems kann dieser Aufwand jedoch drastisch verringert werden. In Parallaxis kann jedem Strahl (zum Beispiel bei einer Auflösung von 1024×1024) ein eigener (*virtueller*) Prozessor zugeordnet werden. Jeder Prozessor führt dabei die gleichen Befehle aus, da jeder Berechnungsschritt (Bestimmen des nächsten Objektes in der Strahlrichtung) vektorisiert werden kann. Ohne die Ausnutzung von Kontinuitäten (kein Datenaustausch zwischen den PEs) kann das vollständige Bild in der Zeit des komplexesten Strahls berechnet werden.

Der Einwand, daß normalerweise nicht 2^{20} *physische* Prozessoren zur Verfügung stehen, kann dadurch entkräftet werden, daß Parallaxis die virtuellen Prozessoren unter den vorhandenen physischen Prozessoren aufteilt und deren Anweisungen ineinander verzahnt unter Wahrung der parallelen Integritätsbedingung ausgeführt werden. Durch Einführung des Konzeptes von virtuellen Prozessoren wird, ähnlich wie beim Konzept des **virtuellen Speichers**, eine physisch vorgegebene Schranke (hier die Anzahl und Vernetzung der tatsächlich vorhandenen Prozessoren) scheinbar aufgehoben. Viele Probleme lassen sich nun leichter und klarer algorithmisch beschreiben und durch ein entsprechendes System lösen, wenn auch kein Geschwindigkeitsgewinn daraus entstehen kann.

12.2 Parallele Bildverarbeitung

Ebenso wie die Erzeugung eines digitalen Bildes, können auch verschiedenste Bildverarbeitungs-Operationen parallel ausgeführt werden. Ein Problem in der Bilderkennung ist das Bestimmen von Kanten ("edges"), welche zur Bestimmung der Umrißlinie eines Objektes benötigt werden. Ein Kanten-Pixel zeichnet sich per Definition durch eine Diskontinuität, oder zumindest eine hohe Änderung in Helligkeitswerten, Farbe, Struktur oder ähnlichem gegenüber seinen Nachbar-Pixeln aus (siehe als Standardwerk hierzu [Bal82]).

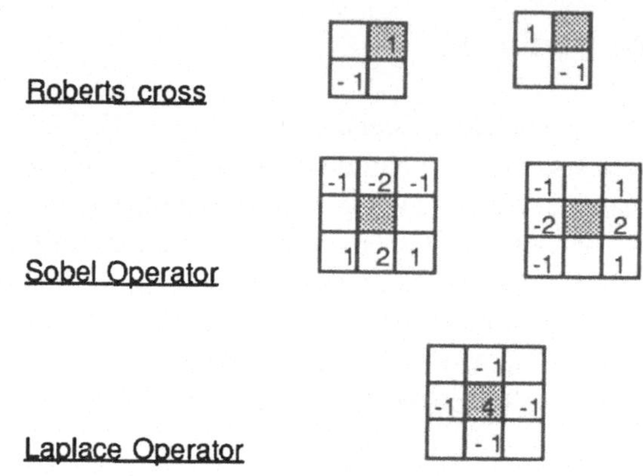

Abbildung 12.4: *Operatoren zur Kanten-Erkennung*

Bekannte Operatoren sind die hier abgebildeten Roberts cross, Sobel Operator und Laplace Operator. Das nachfolgende Parallaxis-Beispielprogramm setzt ein zwei-dimensionales Gitter als Verbindungsstruktur voraus. Alle Verfahren mit vier Nachbarn können mit nur vier parallelen Datenaustausch-Operationen realisiert werden. Auch für Verfahren mit acht Nachbarn kann die einfache Gitterstruktur eingesetzt werden: mit Zwischenspeichern und vier weiteren Nachrichten kann jedes PE die Werte seiner acht Nachbarn erhalten.

Beispiel 12.3: *Rahmenprogramm zur Kanten-Erkennung*

```
VECTOR: pixel,
        pnorth, psouth,
        peast,  pwest : byte;
...
PROCEDURE filter(VECTOR VAR p: byte; VECTOR n1,n2,n3,n4: byte);
(* Hier: Laplace Operator *)
BEGIN
  p := 4*p -n1 -n2 -n3 -n4
END filter;
...
(* Hauptprogramm *)
```

```
PARALLEL
   (* Pixel-Werte in alle Richtungen weitergeben und -lesen *)
   propagate.north(pixel,psouth);
   propagate.south(pixel,pnorth);
   propagate.west (pixel,peast);
   propagate.east (pixel,pwest);


   filter(pixel, pnorth,psouth,peast,pwest)
ENDPARALLEL;
```

12.3 Implementierung von Neuronalen Netzen

Unter dem Begriff "parallel distributed processing" oder PDP ist erst in letzter Zeit ein Gebiet der Parallelverarbeitung bekannt geworden, dessen Grundlagen schon vor längerer Zeit erarbeitet wurden (siehe McCulloch und Pitts [McC43]). Wichtige Arbeiten sind die von D. Rumelhart und J. McClelland [Rum86] über neuronale Netze (NN), sowie von M. Arbib [ArM87] und C. von der Malsburg über "Brain Theory".

PDP orientiert sich an biologischen Modellen der Informationsverarbeitung zur Entwicklung von intelligenten Systemen. Im klassischen von-Neumann Rechnermodell ist nur ein verschwindend kleiner Prozentsatz des gesamten Systems aktiv an der Informationsverarbeitung beteiligt (dies ist die CPU), während der größte Anteil passiv ist (Speicher). In der Natur findet sich jedoch eine vollkommen andere Strukturierung wieder. Im menschlichen Gehirn zum Beispiel bildet jedes Neuron für sich eine einfache informationsverarbeitende Einheit. Das Gehirn ist somit einem Netz aus einer Vielzahl von aktiven Elementen (oder Prozessoren) wesentlich ähnlicher als einem Zentralrechner-System.

Ein neuronales Netz aus einer Vielzahl von "Neuronen", die untereinander vernetzt sind. Jedes Neuron ist selbst ein unabhängiges, aktives Element, das seine Eingabedaten über Verbindungsleitungen erhält, nach einem einfachen Algorithmus umwandelt und die Ergebnisdaten an benachbarte Neuronen weiterleitet. Daten sind hierbei gemäß dem biologischen Vorbild Potentialwerte (darstellbar durch eine reelle Zahl), die je nach Art der Verbindung fördernd (excitatory) oder hemmend (inhibitory) sein kann. Die Verbindungen selbst haben veränderliche Bewertungen, die als multiplikative Koeffizienten eine mehr oder minder starke Abschwächung eines Signales hervorrufen können. Unter dem Begriff "Lernen" versteht man in diesem Modell die Adaption der Verbindungs-Bewertungen, was wiederum nach einem festen Schema verläuft.

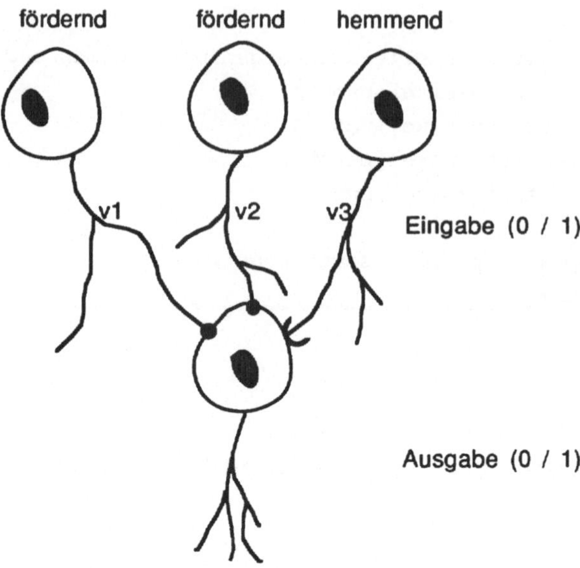

Abbildung 12.5: *Neuronales Netzwerk*

Mit Hilfe des Parallaxis-Systems kann sehr einfach und direkt ein neuronales Netzwerk
spezifiziert werden. Jedem Neuron wird ein Prozessor zugeordnet, während das Verbindungs-
Netzwerk die Verbindungs-Struktur unter den Neuronen repräsentiert. Alle Neuronen führen
die gleiche einfache Funktion zur Bestimmung ihrer Ausgabedaten durch, was mit Parallaxis
datenparallel durchgeführt werden kann. Die Bewertungen für die Neuron-Verbindungen und
die Verbindungs- ("Synapsen-") Art (hier: fördernd oder hemmend) sind beim jeweiligen Em-
pfangsknoten mit abgespeichert. Das folgende Programmfragment zeigt den Rahmen für eine
Implementierung von neuronalen Netzwerken in Parallaxis.

<u>*Beispiel 12.4:*</u> *Rahmenprogramm für Neuronale Netzwerke*

```
SYSTEM NN;
CONST max_port  = ...   (* Verbindungen je Neuron *)
      threshold = ...   (* Schwellwert zum Feuern eines Neurons *)
CONFIGURATION  netz ...(* geeignete Struktur, z.B. 2-dim Gitter *)
. . .

SCALAR step,i          : integer;
       in_dir, out_dir: ARRAY[1..max_port] OF boolean;
       (* Zur Richtungsfestlegung der Neuronenverbindungen *)
VECTOR buffer          : ARRAY[1..max_port] OF boolean;
       con_label       : ARRAY[1..max_port] OF real;
       (* Verbindungspuffer, bzw. -bewertungstabelle *)
       cell_contents   : real;
. . . .
```

```
. . . (* Hauptprogramm, einzelner Simulationsschritt *)
  PARALLEL
    cell_contents := 0.0;
    (* Lies und verarbeite eingegangene Nachrichten *)
    FOR i := 1 TO max_port DO
      IF in_dir[i] AND buffer[i] THEN
        cell_contents := cell_contents + con_label[i]
      END
    END;


    (* Sende Nachrichten an Nachbarn *)
    FOR i:= 1 to max_port DO
      buffer[i] := out_dir[i] AND (cell_contents > threshold);
      (* Nur die PEs über dem Schwellenwert senden TRUE *)
      propagate.direction(i) (buffer[i])
    END
  ENDPARALLEL
. . .
```

12.4 Realisierung schneller kinematischer Systeme in der Robotik

Die Robotik wird durch zwei kinematischen Grundfragen bestimmt. Diese lauten wie folgt (siehe hierzu [Pau81]):

1. Gegeben sei der Zustandsvektor eines Manipulators
     Gesucht ist, dessen Position und Orientierung
      $X \rightarrow \Phi$

2. Gegeben sei Position und Orientierung eines Manipulators
     Gesucht ist die Menge aller Zustandsvektoren, die dies erreichen
      $\Phi \rightarrow X$

Der Zustandsvektor eines Manipulators besteht aus soviel Komponenten, wie der Manipulator Freiheitsgrade besitzt. Jede einzelne Komponente enthält einen Wert, der die Position des Gelenkes eindeutig festlegt. Dies sind normalerweise Rotations- oder Translations-Gelenke; beide Klassen können durch eine 4×4 Matrix, ein sogenanntes *Frame*, je Gelenk spezifiziert werden.

Die Lösung zur ersten Frage ist vergleichsweise einfach. Durch Matrixmultiplikation der Gelenk-Frames, in die die aktuellen Zustandswerte eingesetzt wurden, erhält man sofort die augenblickliche Position und Orientierung der Spitze des Roboter-Armes. Zur Lösung der zweiten Frage müssen jedoch die Frames symbolisch invertiert werden und schrittweise nach den Komponenten des Zustandsvektors aufgelöst werden. Diese Aufgabe muß für jeden Manipulator-Typ individuell berechnet werden und kann wegen ihrer Komplexität zur Zeit noch nicht maschinell durchgeführt werden (siehe [Pau81]).

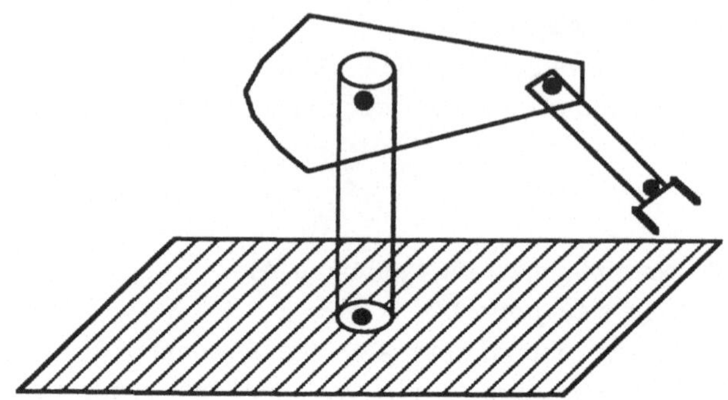

Abbildung 12.6: *Kinematik eines einfachen Manipulators mit vier Gelenken*

Während die symbolische Berechnung noch nicht automatisch erledigt werden kann (obwohl hier Werkzeuge zur symbolischen Berechnung wie "Reduce" oder "Mathematica" die Arbeit erleichtern), ist es möglich, die zur Laufzeit eines Roboters anfallenden kinematischen Aufgaben durch den Einsatz eines SIMD-Systems unter Parallaxis erheblich schneller zu berechnen. Durch den Einsatz eines Prozessors je Gelenk erreicht man bei einer einzigen Transformations-Berechnung zwar keinen Geschwindigkeitsgewinn, jedoch kann bei einer Masse von Berechnungen (oder einem Strom, zum Beispiel in einer laufenden Bewegung des Roboters) die Durchführung in Form einer *Pipeline* erfolgen. In jedem Berechnungsschritt erhält man nun einen Ergebnis-Datensatz, während bei sequentieller Berechnung für einem Roboter mit n Achsen auch Zeit O(n) benötigt wird.

Umgekehrt kann auch bei vorgegebenen Sollwerten für Position und Orientierung der Manipulator-Spitze das Pipeline-Prinzip angewandt werden (an der Spitze befindet sich im allgemeinen ein Werkzeug, das an die richtige Position gebracht werden soll; im einfachsten Fall ein Greifer-Mechanismus). Mehrere Positionen, die nacheinander angefahren werden sollen, können im Pipeline-Modus schon berechnet werden, während der Manipulator die jeweils vorhergehende Position anfährt.

Beispiel 12.5: *Rahmenprogramm zur parallelen Positionsberechnung für die Robotersteuerung*

```
SYSTEM Robot;
TYPE    Position = RECORD
                   x,y,z: real
                END;


CONST   joints  = 6;               (* Anzahl der Achsen *)
CONFIGURATION   chain [1..joints]; (* lineare Liste    *)
CONNECTION      next: chain[i]  →  chain[i+1].next;
```

```
VECTOR ist  : real;        (* aktueller Winkel, bzw. Verschiebung *)
       pos  : Position;
       frame: Matrix;      (* Translation/Rotation eines joint    *)
SCALAR BasisPosition,
       HandPosition: Position;
. . .
```

```
. . .
LOOP
  PARALLEL
    IF id_no = 1 THEN    (* Setzen der Startposition *)
      pos := BasisPosiiton;
    END;
    BerechneJointPosition(frame, ist, x,y,z);
    propagate(pos);
  ENDPARALLEL;
  store [6] (pos, HandPosition);
  (* Position ist erst nach 6 Durchläufen korrekt! *)
  ...
  (* Auswertung und Laden der aktuellen ist-Positionen *)
END;
. . .
```

13. Einbindung in parallele Rechnerarchitekturen

Das Parallaxis-System wurde bisher auf mehreren Ein-Prozessor-Rechnern implementiert und der Ablauf einer parallelen Verarbeitung darauf simuliert, da massiv-parallele SIMD Rechner für eine Implementierung leider nicht zur Verfügung standen. In diesem Kapitel möchte ich einige Aspekte des Einsatzes von Parallaxis auf einer parallelen Rechnerarchitektur beschreiben und auf verschiedene Möglichkeiten einer parallelen Implementierung eingehen. Zunächst werden die notwendigen Anpassungen der bestehenden Implementierung an eine parallele Maschine diskutiert, sowie die Eignung von allgemeinen parallelen Rechnerstrukturen, sowie einer Reihe von Parallelrechnern überprüft. Es folgt eine theoretische Erörterung von Leistungswerten an Hand eines einfachen, skalierbaren Näherungsproblems. Unter Berücksichtigung des Gesetzes von Amdahl für SIMD Rechner wird der zu erwartetende Parallelitätsgewinn von Parallaxis in Abhängigkeit von Problemgröße und Parallelisierungsgrad bestimmt.

13.1 Anpassung an eine Parallel-Architektur

Eine Implementierung des Parallaxis-Systems auf einer Parallel-Architektur kann auf zwei Arten erfolgen:

a)	Ersetzen des Zwischencode-Simulators durch einen Codegenerator, der auf die Gegebenheiten der jeweiligen Architektur abgestimmt ist, oder
b)	Erweitern des Compilers, so daß ohne den Zwischenschritt über PARZ direkt Maschinencode für die parallele Maschine erzeugt wird.

In jedem Fall muß die Systemarchitektur der parallelen Maschine mit eingehen, wovon unter anderem auch die Leistung des Parallaxis-Systems abhängt. Lösung *a* ist einfacher und schneller zu bewerkstelligen, da der Code-Generator auf der niedrigen assembler-ähnlichen Ebene der parallelen Zwischensprache aufsetzen kann. Jedoch ist hier die Übersetzung eines Parallaxis-Programms wegen der Bearbeitung in zwei Phasen und Erzeugung von Zwischencode ineffizienter als bei der direkten Lösung *b*. Dort wird aber der Compiler selbst verändert und ist daher nicht mehr auf andere Parallel-Architekturen portierbar. Die Spezialisierung des Compilers ermöglicht einen effizienteren Übersetzungsvorgang; während der Compiler dann selbst nicht mehr portabel ist, können Parallaxis-Programme nach wie vor zwischen unterschiedlichen Parallelrechner-Architekturen ausgetauscht werden.

13.2 Geeignete Rechnerarchitekturen

Das in Abschnitt 5.1 definierte parallele Maschinenmodell steckt die Grenzen ab, innerhalb derer man nach geeigneten Strukturen suchen kann. *Geeignet* ist daher jede SIMD Maschine. Von besonderem Interesse sind jedoch solche Netzwerkstrukturen, die bei einer Vielzahl von unterschiedlichen parallelen Anwenderprogrammen gute Leistungswerte zeigen. Da die Leistung im allgemeinen für jedes Paar von Anwendung und Maschine anders ausfällt, sollte es für jeden parallelen Anwendungsfall eine am besten geeignete Parallelrechner-Architektur geben. Für unterschiedliche Problemstellungen sind im allgemeinen auch unterschiedliche Architekturen vorzuziehen. Die optimale Systemstruktur ist dabei diejenige, die unter Beibehaltung aller anderen Parameter (wie Prozessoranzahl, Prozessorleistung, Speichergröße, usw.) den größtmöglichen Durchsatz erzielt.

Eine Rechnerstruktur, die für alle möglichen Anwendungen optimal ist, kann es nicht geben. Jedoch gibt es Strukturen, die bei einer Vielzahl unterschiedlicher Anwendungen im Mittel gute Resultate erzielen, während andere weniger gut abschneiden. Bei dem für Parallaxis festgelegten Rechnermodell kann nur die Verbindungsstruktur zwischen den Prozessoren untereinander gewählt werden. Somit läuft die anfangs gestellte Frage darauf hinaus, eine **flexible und kostengünstige Verbindungsstruktur** zu finden. Wie bereits in vielen Studien nachgewiesen wurde (siehe unter anderem [Raa88] oder [Kob88]) besitzt jede Verbindungsstruktur für sie spezifische Vor- und Nachteile. Während ein vollständig vernetzter Graph beispielsweise jede Nachricht in einem Schritt an jeden beliebigen Empfänger-Knoten weiterleiten kann, so scheidet diese Art der Vernetzung wegen ihrer exponentiell mit der Knotenzahl steigenden Anzahl von Verbindungen (den Netzwerk-Kosten) aus. Eine kostengünstigere Struktur sollte aber dennoch ein beliebiges Netzwerk (schlimmstenfalls gerade einen vollständigen Graphen) in nicht allzu vielen Schritten simulieren können. Sehr gut geeignet in Anbetracht dieser Kriterien ist die Hypercube-Verbindungsstruktur (siehe Abschnitt 5.5.8), deren Verbindungskosten nur logarithmisch mit der Zahl der Knoten steigen und welche dennoch einen geringen Durchmesser besitzt. Da Hillis Connection Machine [Hil84], [Hil85] ebenfalls einen Hypercube als Grundstruktur verwendet, ist diese SIMD-Maschine ausgezeichnet für die parallele Programmierung mit Parallaxis geeignet.

Bei n Knoten besitzt ein Hypercube-Netz:

- $\log_2 n$ Verbindungsleitungen je Knoten
  (insgesamt also n*log n Verbindungen)

- $\log_2 n$ Netzwerk-Durchmesser
  (maximale Entfernung zweier Knoten, ist charakteristisch für:
  maximale Anzahl Schritte zur Simulation eines beliebigen Netzwerks)

Abbildung 13.1: Daten der Hypercube-Verbindungsstruktur

Prinzipiell stellt sich nun das Problem der Abbildung einer frei wählbaren Topologie, die im Parallaxis-Programm spezifiziert wurde, auf eine festgelegte Topologie, die durch die Netzwerkstruktur des betreffenden parallelen Systems vorgegeben ist. Jede Datenaustausch-Operation in Parallaxis (propagate) muß daher in eine **maschinenspezifische** Folge von Netzwerkbefehlen umgewandelt werden. Bei dieser komplexen Aufgabe handelt es sich um ein Graphen-Transformations oder -Matching Problem, von dessen Lösung die Effizienz des Parallaxis-Systems in erheblichem Maße abhängt. Diese "Netzwerk-Mappings" sind schon seit einiger Zeit Gegenstand von Untersuchungen wie denen von H. J. Siegel [Sie79a], [Sie79b], [Sie87] und [Ada87], wobei unter anderem gezeigt wurde, daß ein Hypercube alle anderen untersuchten Topologien in $\log_2 n$ Schritten simulieren kann. Weiterreichende Überlegungen zu Vor- und Nachteilen bestimmter Netzwerkstrukturen, sowie insbesondere deren effiziente Abbildung ineinander sind in der angegebenen Literatur zu finden und werden in dieser Arbeit nicht näher behandelt.

Die nachfolgenden Systeme sind für eine Implementierung von Parallaxis geeignet. Die Liste umfaßt sowohl zur Zeit verfügbare Rechner, als auch noch in Entwicklung befindlichen Produkte und ist keineswegs vollständig:

A) SIMD Array-Prozessoren

• FPS 164 / MAX	MAX Array 15	16 PEs	341 MFlops
• IBM GF 11	Reconfig. Benes Network	576 PEs	11000 MFlops
• ICL / DAP	Lockstep Array Processor	4096 PEs	16 MFlops
• Loral MPP	Mesh 128x128	16384 PEs	470 MFlops
• Connection Machine (siehe auch unter C)	Mesh embedded Hypercube	65536 PEs	250 MFlops

B) MIMD Multiprozessor-Systeme

• iPSC Hypercube	Hypercube	128 PEs	2.5 GFlops
• BBN Butterfly	Butterfly Switch Network	256 PEs	(0.26 GIPS)
• CDC Cyberplus	Ring	256 PEs	16.6 GFlops
• Cedar	Hierarchical Network	256 PEs	3.2 GFlops
• IBM RP 3	Shared Mem. / Distr. Mem.	512 PEs	0.8 GFlops
• NCUBE / 10	Hypercube	1024 PEs	0.5 GFlops
• FPS T-Series	Hypercube	4096 PEs	65.5 GFlops

C) Massiv-Parallele Systeme

- FAIM-1 Symbolic Multiprocessing System (Davis / Robison, Fairchild, [Dav85])
- NETL, Thistle und Boltzmann Machine (S. Fahlman, Carnegie-Mellon U., [Fah83])
- Aquarius "exploit parallelism at all levels" (A. Despain, UC Berkeley, [Des85])
- Connection Machine (D. Hillis, Thinking Machines Co., [Hil85])

13.3 Theoretische Leistungswerte

Wegen der Nichtverfügbarkeit eines SIMD-Rechners konnten, wie schon zuvor erwähnt, keine realen Messungen durchgeführt werden. Dennoch möchte ich zumindest theoretisch auf die Leistung eines parallelen Systems unter Parallaxis eingehen. Diese Betrachtungen können natürlich keine Aussage über die Echtzeit-Geschwindigkeit eines Parallaxis-Programms bei einem bestimmten Parallelrechner-System machen, denn dies hängt zu einem Großteil von der jeweiligen Implementierung mit der zuvor angesprochenen Abbildung der Netzwerk-Topologien ab. Trotzdem können allgemeine Aussagen zum Beispiel über die Relation zwischen Zeitbedarf und Problemgröße in Abhängigkeit von der Anzahl der zur Verfügung stehenden Prozessoren gemacht werden.

Für die theoretische Betrachtung der Abhängigkeit des Zeitbedarfs von der Prozessoranzahl verwende ich ein Beispiel-Problem von R. Babb aus [Bab88]. Es ist die Bestimmung einer Näherung für die Zahl π durch Berechnung eines Integrals. Das Integral wird durch eine Summe von Rechtecken näherungsweise berechnet, wobei bei idealen numerischen Bedingungen die Genauigkeit um so größer ist, je kleiner die Intervallgröße gewählt wird (und um so größer somit der Rechenaufwand).

$$\pi = \int_0^1 \frac{4}{1+x^2}\, dx$$

Abbildung 13.2: *Näherungsformel für π*

Babb ließ für diesen Algorithmus Programme auf mehreren Parallelrechnern erstellen und faßte die Ergebnisse und Erfahrungen zusammen. Die Wahl dieses Beispiel-Problems beeinflußt die Meßergebnisse in großem Maße. Es ist auf einfache Weise sowohl für SIMD als auch für MIMD Architekturen zu parallelisieren, was wegen der Mächtigkeit des MIMD Modells natürlich nicht auf alle Problemklassen zutrifft. Es handelt sich um ein **lineares Problem**, das heißt eine Ein-Prozessor-Maschine benötigt bei doppelter Problemgröße die doppelte Zeit zur Lösung.

In den folgenden Abschnitten werden die Begriffe *virtuelle* und *physische* Prozessoren verwendet. Dabei bezeichnen die Ausdrücke:

- virtuelle Prozessoren:
  Die Menge der im Parallaxis-Programm durch die CONFIGURATION-Spezifikation abstrakt vereinbarten Prozessoren. Die Anzahl sollte immer gleich dem maximalen Parallelisierungsgrad eines gegebenen Problems sein.

- physische Prozessoren:
  Die Menge der von der Hardware real zur Verfügung gestellten Prozessoren.

Die Anzahl von virtuellen und physischen Prozessoren ist im Idealfall identisch. Je nach Problemstellung und vorhandener Hardware kann jedoch die Zahl der virtuellen Prozessoren kleiner oder größer als die Zahl der physischen Prozessoren sein. Im ersten Fall ist das Problem nicht ausreichend parallel zerlegbar, während im zweiten Fall das Parallaxis-System eine iterative Anpassung für die nicht ausreichende Hardware durchführen muß.

13.3.1 Das Gesetz von Amdahl

Bereits 1967 beschrieb Amdahl die Gesetzmäßigkeiten, die bei Parallelrechnern den zu erwartenden Geschwindigkeitsgewinn bestimmen (siehe z. B. [Gon89]) und in seiner Grundform auf alle Klassen von Parallelrechnern anwendbar ist. Es bedeuten:

T_k Die Ausführungszeit eines Programms mit Parallelisierungsgrad k

f   Der prozentuale Anteil des Programms, der *nicht* mit Parallelisierungsgrad k ausgeführt werden kann, sondern – hier vereinfacht – nur mit Parallelisierungsgrad 1.

Dann gilt für ein Parallelrechnersystem mit N Prozessoren:
(Formeln nach [Gon89])

$$T_N = f * T_1 + (1\text{-}f) * \frac{T_1}{N}$$

Der Parallelitätsgewinn-Faktor (oder *Speedup*) läßt sich nun nach folgender Formel bestimmen:

$$S_N = \frac{T_1}{T_N} = \frac{N}{1 + f * (N\text{-}1)}$$

Wenn nun beispielsweise bei einem System mit 1000 Prozessoren auch nur der geringe Programmanteil von 1/999 sequentiell ausgeführt werden muß, so verschlechtert sich der Parallelitätsgewinn auf 500, also auf nur 50% der Maximalleistung! Da nahezu alle parallelen Programme mehr oder minder große sequentielle Programmteile enthalten, kann mit Hilfe des Gesetzes von Amdahl der in der Praxis auftretende Leistungsschwund (beziehungsweise das Nichterreichen der theoretischen Maximalleistung bei voller Parallelisierung) bei parallelen Anwenderprogrammen erklärt werden.

13.3.2 Parallelitätsgewinn eines SIMD Systems unter Parallaxis

Zunächst möchte ich den theoretischen Parallelitätsgewinn für das oben genannte Näherungsproblem bei einem SIMD System mit p physischen Prozessoren betrachten. Wegen der Linearität dieses Problems ist hier der maximale Parallelisierungsgrad proportional zur Problemgröße (eine Eigenschaft, die leider **nicht** bei allen Problemen gilt!). In Abbildung 13.3 ist die Problemgröße gegen den Parallelitätsgewinn, beziehungsweise den Zeitbedarf zur Lösung des Problems aufgetragen. Dabei werden von Parallaxis nicht unbedingt alle zur Verfügung stehenden p physischen Prozessoren des SIMD Systems eingesetzt.

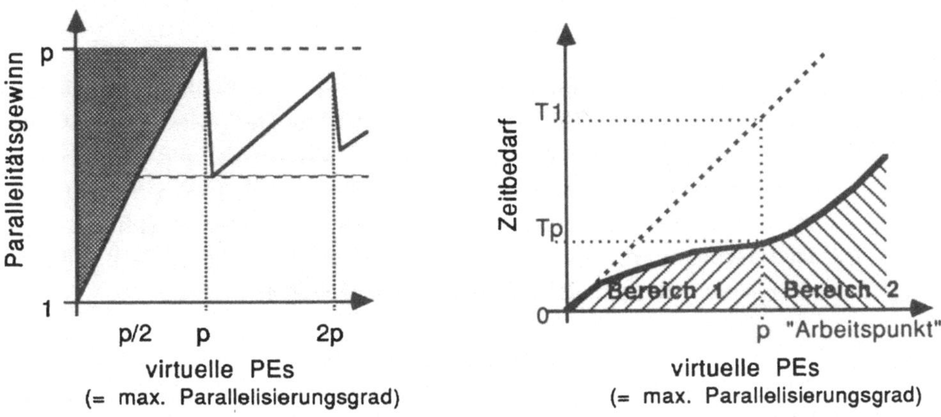

Abbildung 13.3: *Parallelitätsgewinn unter Parallaxis bei p physischen PEs*

Die erste Graphik zeigt die theoretische Abhängigkeit des Parallelitätsgewinns von der Problemgröße, welche bei dem einfachen Näherungsproblem (Abbildung 13.2) mit dem maximalen Parallelisierungsgrad, also der Zahl der virtuellen PEs, übereinstimmt. Bei p Prozessoren kann dieser Faktor niemals größer als p werden; er wird auch nur asymptotisch bei der Problemgröße p erreicht, wenn nämlich eine perfekte Zuordnung der virtuellen PEs zu den physischen PEs möglich ist. Bei kleineren Problemen sinkt der Faktor mit der Problemgröße (Diagonale im Diagramm). Da das Problem nicht weiter aufgespalten werden kann, werden nicht alle physischen Prozessoren von Parallaxis eingesetzt, was einen linear verringerten Parallelitätsgewinn hervorruft. Bei Problemen mit mehr als p virtuellen PEs werden alle physischen Prozessoren eingesetzt, der Abarbeitungs-Algorithmus muß jedoch **mehrmals nacheinander** ausgeführt werden und die Teilergebnisse müssen zu einem Gesamtresultat kombiniert werden, wodurch der Parallelitätsgewinn zurückgeht. Bei v in Parallaxis spezifizierten virtuellen PEs und p physisch vorhandenen PEs ist deren nach oben aufgerundeter Quotient proportional zum Zeitbedarf (siehe Formel in Abbildung 13.4). Die Aufrundung erzeugt die Diskontinuitäten des "Sägezahnmusters".

$$\text{Rechenzeit} \ \sim \ \left\lceil \frac{v}{p} \right\rceil$$

Abbildung 13.4: *Rechenzeit für v virtuelle PEs bei p physischen Prozessoren*

Im rechten Diagramm von Abbildung 13.3 ist der Zeitbedarf in Abhängigkeit von der Zahl der virtuellen PEs (bei unserem Näherungsproblem gleich der Problemgröße) aufgetragen. Hier ist die überlagerte Sägezahnschwingung vernachlässigt worden, da sie bei zunehmender Zahl von virtuellen PEs immer geringer wird. Wie man sieht, kann man die Leistung des parallelen Systems abhängig von der Problemgröße in zwei Bereiche aufteilen:

Bereich 1: **v < p** :   Das Problem ist zu klein, um alle p physischen Prozessoren gleichzeitig sinnvoll einsetzen zu können. Die in diesem Bereich maximal erzielbare Verbesserung beträgt **Faktor v** gegenüber einem Ein-Prozessor-System.

Zwischen 1 und 2: **v = p** :   In diesem Punkt ist die Zahl der virtuellen PEs gleich der Zahl der physischen PEs. Bei Vernachlässigung der Netzwerk-Laufzeiten wird hier der größte theoretisch mögliche Zeiteinsparungs-**Faktor p** gegenüber einem Ein-Prozessor-System erreicht; das Parallaxis-System arbeitet für diese Problemgröße am effizientesten. Als Analogie zum regelungstechnischen Verhalten eines Transistors liegt es nahe, diesen Punkt als *Arbeitspunkt* des parallelen Systems zu bezeichnen.

Bereich 2: **v > p** :   Das Problem ist zu groß, als daß es bei einmaliger Durchführung des Algorithmus auf p physischen Prozessoren gelöst werden könnte. Parallaxis simuliert die nicht vorhandene Prozessoren durch Iteration und faßt die Teilergebnisse zusammen. Durch Verwaltungsaufwand und eventuellen zusätzlichen Nachrichtenaustausch (in gleicher Weise wie die Simulation einer nicht vorhandenen Netzwerk-Struktur) entsteht ein Zeitverlust, durch den der Parallelitätsgewinn stets **kleiner als Faktor p** gegenüber einem Ein-Prozessor-System ausfällt.

Ein weiteres Problem ist die beschränkte Gültigkeit von simulierten Rechenzeiten für parallele Implementierungen. Da der Simulator immer unbegrenzte Ressourcen $(v \leq p)$ vorgibt, kann der Zeitbedarf für den umgekehrten Fall nicht simuliert werden. Wesentlich ist auch die hier gemachte vereinfachende Annahme, daß alle erzeugten Pseudo-Assembler Befehle die gleiche Zeit zur Ausführung benötigen. Dies verzerrt vor allem bei Datenaustausch- und Reduktions-Befehlen die Leistungskurve, denn diese Befehle sind erheblich zeitaufwendiger als zum Beispiel eine skalare oder vektorielle Addition. Außerdem kommt bei diesen Befehlen noch ein Zeit-Multiplikator hinzu, der bei n virtuellen Prozessoren folgenden Wert hat:

n bei den Befehlen LOAD und STORE, da diese auf ein Datenelement *aller* virtuellen PEs zugreifen. Sie werden jedoch meist zur Vor- oder Nachbearbeitung eingesetzt.

$\log_2 n$ beim Standard-REDUCE Befehl, da n Komponenten eines Vektors in einer baumartigen Weise zu einem skalaren Wert zusammengefaßt werden.

$1 \ldots n$ beim PROPAGATE Befehl, da die Komponenten eines Vektors entsprechend der Hardwarestruktur durch Weiterschieben zwischen Prozessoren permutiert werden müssen, um die geforderte virtuelle Verbindungsstruktur zu realisieren. Dieser

Faktor ist sowohl von der physischen als auch der virtuellen Verbindungsstruktur in der Senderichtung abhängig. Bei Verwendung einer physischen Hypercube-Struktur können jedoch nach H. J. Siegel [Sie79b] alle von ihm betrachteten virtuellen Verbindungsstrukturen (unter anderem zwei-dimensionales Gitter und perfect shuffle) in maximal **$\log_2 n$** Schritten realisiert werden.

**Beispiel 13.1**: Abschätzung benötigter Echtzeit

Angenommen ein Parallaxis-Programm mit

v virtuellen PEs in Gitter-Topologie benötigt

s Pseudo-Assembler Schritte zur Lösung auf dem Simulator, und davon seien

$q\%$ Datenaustausch (`propagate`-) Befehle, welche hardware-abhängig die

r -fache Ausführungszeit benötigen.

Dann gilt für eine parallele Implementierung mit v physischen PEs die Echtzeit-Abschätzung:

$$
\begin{array}{ll}
\text{auf physischer Gitter-Topologie:} & T_{Gv} \sim s * (1\text{-}q) + r * s * q \\
\text{auf physischer Hypercube-Topologie:} & T_{Hv} \sim s * (1\text{-}q) + r * s * q * \log_2 v
\end{array}
$$

Während hier bei der Gitterstruktur keine Routing-Kosten entstehen, betragen diese beim Hypercube für jedem Datenaustausch größenordnungsmäßig $\log_2 v$, was erhebliche Unterschiede in der Ausführungszeit verursacht:

Bei v=1.000 PEs, s=100.000 Pseudo-Assembler Schritten, einer Datenaustauschrate von q=10% mit r=10-fachem Mehraufwand und einer Ausführungszeit von 10µs je Pseudo-Assembler-Befehl (entspricht 0,1 MFlops je PE) ergeben sich die Echtzeit-Werte:

$$
\begin{array}{llll}
T_{Gv} & \approx \ 900\ ms \ + \ 1000\ ms & \approx & \underline{2\ s} \\
T_{Hv} & \approx \ 900\ ms \ + \ 9966\ ms & \approx & \underline{11\ s}
\end{array}
$$

Alle oben genannten Punkte müssen berücksichtigt werden, um realistischere Aussagen über die Rechenzeit bei einer parallelen Implementierung gegenüber einer Simulation machen zu können. Am gravierendsten (und leider auch am schwierigsten zu präzisieren) sind hierbei die mehr oder weniger effiziente Abbildung der virtuellen Verbindungstopologie, sowie der Verwaltungsaufwand bei einer größeren Anzahl virtueller als physischer Prozessoren.

13.3.3 Vergleich zwischen SIMD- und MIMD-Leistungen

Bei jeweils fester Prozessorenzahl ergaben Messungen beim Intel iPSC Hypercube folgende Abhängigkeiten (nach [Bab88]):

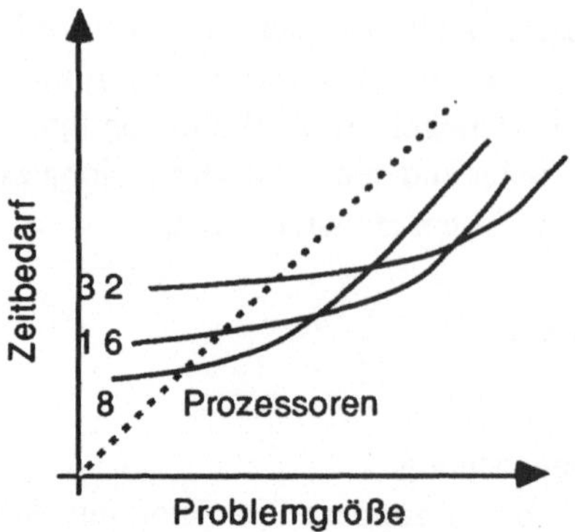

Abbildung 13.5: *Leistungskurven des Intel iPSC Hypercube (MIMD) nach [Bab88]*

Bei jeweils fester physischer Prozessorenzahl ergeben sich auf einem SIMD-Hypercube unter Parallaxis folgende **theoretische** Abhängigkeiten:

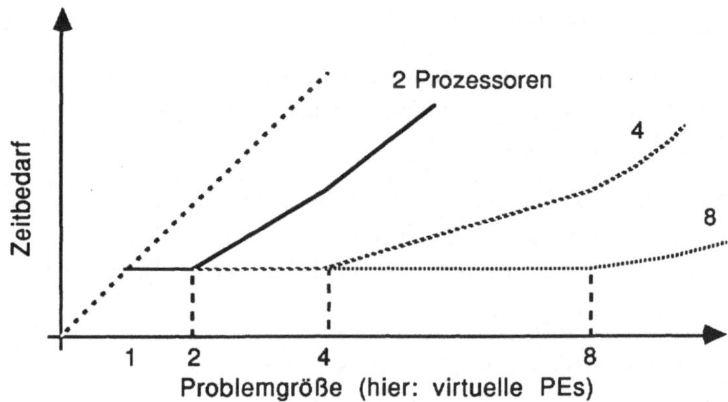

Abbildung 13.6: *Geschätzte Rechenzeit eines SIMD-Hypercubes unter Parallaxis*

Aus diesen in zwei Diagrammen dargestellten charakteristischen Kurven lassen sich mehrere qualitative Aussagen ableiten:

1. Durch den bei MIMD Maschinen vorhandenen Aufwand für Prozessverwaltung und -synchronisation schneiden die Konfigurationen mit vielen Prozessoren bei kleiner Problemgröße schlechter ab als Konfigurationen mit weniger Prozessoren. Oftmals sind hierbei alle parallelen Lösungen zeitlich **schlechter als bei einem Ein-Prozessor Rechner** (in Abbildungen 13.5 und 13.6 mit der Hauptdiagonalen dargestellt)! Erst bei steigender Problemgröße fällt der Aufwand für die Prozeßverwaltung nicht mehr so stark ins Gewicht. Dennoch wird der optimale Geschwindigkeitsgewinn nie erreicht, denn die komplexere MIMD-Architektur verursacht gegenüber einer SIMD-Architektur zusätzlichen Aufwand für:

   • das Protokoll zum Nachrichtenaustausch und
   • die Prozeßverwaltung in jedem Rechnerknoten .

2. Bei der theoretischen Leistungsbetrachtung eines SIMD-Hypercubes unter Parallaxis gibt es keine Überschneidungen von Leistungslinien wie beim MIMD-Fall, da jedem Prozessor genau ein Prozeß zugeordnet ist und keinerlei Overhead für Prozeßverwaltung oder Synchronisation anfällt. Die Kurven für Systeme mit n Prozessoren verlaufen bei steigender Problemgröße mit zunehmendem Geschwindigkeitsgewinn, allerdings nur bis zu dem Punkt an dem sich die virtuellen PEs mit den physischen PEs die Waage halten (bestmöglicher Gewinn, "Arbeitspunkt"). Bei kleineren Problemen ist dieser Faktor kleiner als n, da nicht alle physischen Prozessoren eingesetzt werden, während für größere Probleme der Parallelitätsgewinn dadurch geringer wird, daß für eine vektorisierte Problemabarbeitung in einem Durchgang nicht genügend physische Prozessoren vorhanden sind. Durch Verwaltungsaufwand fällt der Zeitgewinn oberhalb dieser Schranke schlechter aus als n. SIMD Rechner sind nicht für alle Klassen von Problemen geeignet, doch für diejenigen Klassen, bei denen sie sich effizient einsetzen lassen, ist ihre Leistung mit der eines MIMD Systems vergleichbar. Die SIMD Struktur ist dabei einfacher in der Programmierung (sowohl auf der Anwender- als auch auf der Systemebene) und günstiger in der Hardwareproduktion.

3. Alle bisher gezeigten Diagramme gehen von der vereinfachenden Annahme aus, daß die Problemgröße gleich dem maximalen Parallelisierungsgrad eines Problems ist (welcher der Zahl der im Parallaxis-Programm spezifizierten virtuellen PEs entspechen sollte). Dies ist jedoch im allgemeinen nicht der Fall, denn es gibt durchaus aufwendige Probleme, die nur in geringem Maße parallelisierbar sind! Eine vollständige Analyse muß daher von einer zwei-dimensionalen Basis ausgehen, die sowohl die Problemgröße als auch den Parallelisierungsgrad eines Problems berücksichtigt. Ein vollständiges Diagramm beschreibt somit eine Fläche im drei-dimensionalen Raum wie in Abbildung 13.7 angedeutet. Das Diagramm aus Abbildung 13.6 entspricht hier einem Schnitt entlang der Basisdiagonalen.

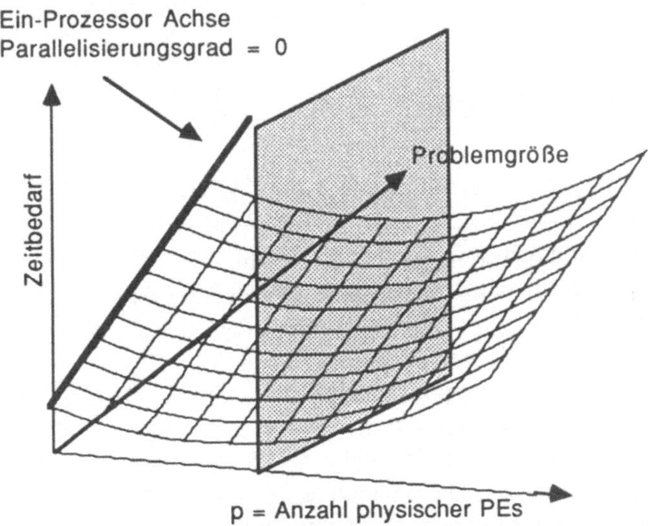

Abbildung 13.7: Die Leistungsfläche eines SIMD-Systems für lineare Probleme in Abhängigkeit von Problemgröße und Parallelisierungsgrad

14. Analyse der Konzepte im Vergleich mit verwandten Arbeiten

An dieser Stelle möchte ich auf andere Systeme zur Parallelverarbeitung näher eingehen und deren Konzepte, Möglichkeiten und Einschränkungen mit denen von Parallaxis vergleichen. Auch einige Systeme mit anderen Programmier-Paradigmen oder auf einer anderen Parallelitäts-Ebene werden diskutiert. Verglichen werden: zwei Lisp-Varianten der Connection Machine, parallele Prolog-Dialekte, "konventionelle" prozedurale Parallelsprachen im Stil von Concurrent Pascal, Occam, Vektor-Erweiterungen der Sprachen C und Fortran für SIMD und MIMD Rechner, sowie C*, eine parallele Version von C, die erneut speziell für die Connection Machine entwickelt wurde. Für jede Sprache wird ein Programmfragment zur parallelen Berechnung des Skalarproduktes zweier Vektoren angegeben. Da Parallaxis für die massiv parallele Programmierung entwickelt wurde, werden vor allem die Vergleiche mit Sprachen auf der gleichen Parallelitäts-Ebene vertieft. Mehr als alle anderen besitzt die Sprache C* eine Reihe von Ähnlichkeiten zu Parallaxis, wenngleich sich das grundlegende Modell von Parallaxis, die Einbeziehung der verwendeten Netzwerktopologie, in keiner der anderen Parallelsprachen findet.

14.1 Connection Machine Lisp

Als Programmiersprache für den von ihm konzipierten massiv-parallelen Rechner "Connection Machine" [Hil85] entwickelte D. Hillis zusammen mit G. Steele "Connection Machine Lisp" [Ste86] (abgekürzt: CmLisp) als eine parallele Erweiterung von Common Lisp [Ste84]. CmLisp enthält wesentliche Prinzipien der älteren Sprachen APL, siehe [Ive62], und FP von Backus [Bac78].

Funktionale Programmiersprachen eignen sich wegen des Fehlens von Nebeneffekten für die unabhängig parallele Ausführung. Die Parameter jeder Funktion können getrennt voneinander parallel ausgeführt werden und dies läßt sich rekursiv fortsetzen. Um die hierbei auftretenden Probleme der Aufgabenverteilung zwischen den Prozessoren zu lösen, wurden Verfahren wie "load balancing" oder "load migration" [Hwa87] vorgeschlagen. Diese sind jedoch nur bei der "konventionellen", grobkörnigen Parallelverarbeitung einsetzbar; für die feinkörnigere "Datenparallelität" mußte hier ein neuer Ansatz entwickelt werden.

Als Spracherweiterung wurden vier neue Operatoren eingeführt:

Symbol	Aufgabe	Beispiel
$\rightarrow$	Konstruktion von Abbildungen ("xappings") Konstruktion von Vektoren ("xectors")	$\{$apfel $\rightarrow$ rot, banane $\rightarrow$ gelb$\}$ $\{0 \rightarrow$ rot, $1 \rightarrow$ gelb$\} \equiv$ [rot, gelb]
α	Anwendung einer Funktion auf jedes Listenelement ("apply to all")	$(\alpha$sqrt '[4, 1, 9]) $\Rightarrow$ [2, 1, 3]
•	Ausnehmen eines Argumentes vom α-Operator ("bullet operator", "un-quote")	$(\alpha$sqrt '[4, 1, •9]) $\Rightarrow$ [2, 1, 9]
β	Reduzieren eines Vektors zu einem Element (analog zu APLs Reduziere-Operator "f/ x")	$(\beta+$ '[4, 1, 9]) $\Rightarrow$ [14]

Die Verwendung von neuen Kunstbegriffen wie xapping (anstelle von mapping) und xector (anstelle von vector) erfolgt etwas unmotiviert, da es sich keineswegs um neuartige Datenstrukturen handelt. Die Sprachkonstrukte wurden in Hinblick auf die massiv parallele Rechnerarchitektur der Connection Machine oder anderer "feinkörnig" paralleler Systeme, wie zum Beispiel NON-VON [Shw82] entwickelt. Der Algorithmus wird dabei auf einer sehr abstrakten Ebene formuliert; es existieren (ebenso wie in APL) keine expliziten Konstrukte zum Datenaustausch zwischen parallelen Einheiten, vielmehr sind Berechnungs- und Kommunikations-Konzepte miteinander vermischt. Während der α-Operator sehr einfach in eine parallele Anweisung umgesetzt werden kann, verlangt der β-Operator zumindest eine teilweise Sequentialisierung (Die Summe von n Zahlen kann mit n Prozessoren bestenfalls in O(log n) Schritten berechnet werden, falls keine "Pipeline"-Verarbeitung möglich ist.).

Bei der Sprache wurde auf die Einführung weiterer Operatoren verzichtet, da sich diese aus den oben stehenden herleiten lassen. Dies kann allerdings selbst bei einfachen Aufgaben recht komplex werden. Da bei CmLisp im Gegensatz zu Parallaxis parallele und sequentielle Abarbeitung im gleichen Ausdruck miteinander vermischt vorkommen kann, wird dem Programmierer kein rechtes Gefühl für den effizienten Einsatz der Parallelverarbeitung vermittelt.

Beispiel 14.1: _Berechnung des Skalarproduktes in CmLisp_

```
(defun skalarprodukt (f g  p q)
    (reduce f α(funcall g  •p •q)) )
```
Aufruf:
```
(funcall (skalarprodukt #'+ #'*) '[1 2 3] '[4 5 6])  ⇒ 32
```

14.2 *Lisp

Ebenfalls für die Connection Machine wurde *Lisp (Star-Lisp) entworfen [Thi86]. Genau wie CmLisp baut auch *Lisp auf Common Lisp [Ste84] auf, unterscheidet sich aber in der Wahl der hinzugefügten Sprachkonstrukte. Hier wurden die aus Common Lisp bekannten Funktionsnamen und Operatoren durch Hinzufügen eines Präfixes ("*" bei Systemfunktionen) oder Suffixes ("!!" bei Operatoren) auf eine einsichtige parallele Semantik erweitert. Mit:

```
(*defvar  a)
```
wird die vektorielle Variable a eingeführt, deren Komponenten auf alle parallelen Prozessoren verteilt sind. Wenn b ebenfalls eine vektorielle Variable ist, kann deren Vektorsumme durch folgenden Ausdruck berechnet werden:

```
(+!!  a b)
```
Der Parallel-Operator "!!" für sich allein wird dazu benutzt, eine Konstante zu vervielfältigen:

```
(!!  2)
```
beschreibt einen Vektor, der nur aus 2en besteht.

Beispiel 14. 2 zeigt eine einfache Zuweisungsfunktion in Parallaxis und in *Lisp. Die wesentlich bessere Übersichtlichkeit ist ein Vorteil der prozeduralen Sprachen.

Beispiel 14.2: Zuweisung in Parallaxis und *Lisp

```
PARALLEL
    a := b - c*2
ENDPARALLEL
```
```
(*set a (-!! b (*!! c (!! 2))))
```

Für *Lisp wurde der Sprachumfang von Common Lisp nur geringfügig erweitert; *Lisp scheint daher verständlicher zu sein als CmLisp und erlaubt eine direktere Umsetzung eines parallelen Algorithmus dank der Erweiterung von skalaren Operatoren.

Im Vergleich zu Parallaxis fehlt sowohl CmLisp als auch *Lisp eine Repräsentation der PE-Verbindungsstruktur. Für die Realisierung eines bestimmten Algorithmus mit der zugehörigen Netzwerk-Struktur muß die Abbildungsfunktion zwischen PEs bei jedem Datenaustausch explizit mit eingehen, was den eigentlichen Algorithmus undurchsichtiger macht. Aus der Sicht des Programmierers scheint jedes PE mit jedem anderen verbunden zu sein. Das Nachrichten-Routing wird transparent durchgeführt.

Beispiel 14.3: Berechnung des Skalarproduktes in *Lisp

```
(*defun skalarprodukt (f g  p q)
    (reduce f (q!!  p q)) )
```
Aufruf:
```
(skalarprodukt '+ '*  '[1 2 3] '[4 5 6]) ⇒ 32
```

14.3 Concurrent Prolog, Parlog und Guarded Horn Clauses

Ausgehend von Prolog ([Clo81]) entstanden die parallelen logischen Programmiersprachen Concurrent Prolog von Shapiro [Sha83], Parlog von Clark und Gregory [Cla83] und Guarded Horn Clauses (GHC) von Ueda [Ued86]. Diese sind recht eng miteinander verwandt; auf eine detaillierte Betrachtung ihrer Unterschiede wird hier verzichtet. Eine ausführliche Sammlung von Artikeln zu diesen und weiteren parallelen logischen Programmiersprachen findet sich in [Sha87]. Für die parallele Abarbeitung sowohl von Parlog als auch von funktionalen Programmen wurde am Imperial College of Science and Technology in London die Multiprozessor-Reduktionsmaschine ALICE [Dar83] entwickelt. Weitere Ansätze zur Ausnutzung von AND- und OR-Parallelität finden sich bei DeGroot [DeG84], Schwinn [Scw86] sowie dem Goal Rewriting Modell von Goto et al. [Got84]; alternative Suchstrategien sind in [Zel89a] und [Zel89b] beschrieben.

Die Teilziele eines Prädikates werden parallel ausgeführt, soweit dies unter der Berücksichtigung von Daten-Abhängigkeiten und Synchronisationsbedingungen möglich ist. Bei dieser Parallelverarbeitung existiert bis jetzt jedoch noch keine Semantik eines "Prozessors" oder eines irgendwie gearteten "Netzwerkes" wie in Parallaxis. Alle Teilziele laufen prinzipiell parallel an, doch es fehlen Konstrukte um diese unabhängigen Aufgaben effizient auf parallele Prozessoren zu verteilen und deren Ergebnisse zurückzuliefern. In einem neueren Ansatz versucht E. Shapiro die Beschreibung des parallelen Netzwerkes mit in Concurrent Prolog einzubeziehen, indem Teilziele mit einem "Nachbar-Prozessor-Suffix" versehen werden können ([Sha87], chapter 7, "Systolic Programming: A Paradigm of Parallel Processing"). Es fehlt dabei allerdings auch hier die Spezifikation des logischen Netzes mit den benötigten Verbindungsstrukturen.

Beispiel 14.4: *Berechnung des Skalarproduktes in Concurrent Prolog*

```
skalarprodukt([], [], 0).
skalarprodukt([Hp|Tp], [Hq|Tq], x) :-
    x := Hp*Hq + x1,
    skalarprodukt(Tp?, Tq?, x1).
```
Aufruf:
```
?- skalarprodukt([1 2 3], [4 5 6], X)
⇒ X = 32
```

Alle mit "AND" verknüpften Teil-Goals werden parallel ausgeführt. Die Synchronisation erfolgt über die Read-only Annotation "?" an Variablen. Ein Prädikat kann erst dann ausgeführt werden, wenn alle so gekennzeichneten Variablen instanziiert sind. Anders als bei der Matrixmultiplikation in Concurrent Prolog kann das Skalarprodukt nicht auf mehrere "Rechnerknoten" aufgeteilt werden, die immanente Parallelität kann nicht voll ausgenutzt werden. Bei dieser Art der Spezifikation paralleler Abläufe muß die Tail-Rekursion eingesetzt werden, was unübersichtlicher und ineffizienter ist als ein explizites Parallel-Prädikat.

14.4 Modula-P, Concurrent Pascal und Ada

Die prozeduralen Programmiersprachen Concurrent Pascal [Han77], Ada und Modula-P [Brä86] unterstützen die Ausnutzung von "grobkörniger" Parallelität. Hier existieren explizit deklarierte, getrennt programmierte und individuell synchronisierte Prozesse, die parallel auf einem MIMD System ausgeführt werden. Die Berechnung eines Skalarproduktes ist auf dieser Prozeßebene keine Aufgabe, deren parallele Aufgliederung sich lohnen würde – der Aufwand für Prozeßgenerierung und -kommunikation ist zu hoch! Die Berechnung sollte hier besser sequentiell in einem einzigen Prozeß erfolgen.

Beispiel 14.5 Berechnung des Skalarproduktes in Modula-P

```
MODULE Skalarprodukt;
CONST n      = 10;
      PEs    =  4;
TYPE  vektor = ARRAY [1..n] of REAL;
```

```
MONITOR Datenaustausch;
VAR a,b     : vektor;
    erg     : REAL;
    pos     : CARDINAL;
    ENTRY Werte_Lesen(VAR ai,bi: REAL);
    ...(* Lesen des i-ten Paares und Zähler hochsetzen *)
    ENTRY Ergebnis_Schreiben(prod: REAL);
    ...(* Aufaddieren des Produktes in erg *)
BEGIN (* Monitor-Init *)
  pos := 0
END MONITOR Datenaustausch;
```

```
PROCESS mul;
VAR a,b,c: REAL;
BEGIN
  LOOP (* Endlosschleife *)
    MONITOR.Werte_Lesen(a,b: REAL);
    c := a*b;
    MONITOR.Ergebnis_Schreiben(c)
  END
END PROCESS mul;
```

```
BEGIN (* Hauptprogramm           *)
  ... (* Vektoren einlesen        *)
  FOR i:= 1 TO PEs DO Start(mul) END;
  ... (* Skalarprodukt ausgeben *)
END MODULE Skalarprodukt.
```

14.5 Occam

Occam-Programme können ebenso wie Parallaxis-Programme sowohl auf einem Ein-Prozessor-System, wie auch auf einem Netzwerk von Prozessoren ausgeführt werden. Ein Programm in Occam besteht aus einer Anzahl von sequentiellen, kommunizierenden Prozessen, welche asynchron parallel ablaufen und durch Nachrichtenkanäle miteinander verbunden sind (siehe auch Hoares CSP [Hoa78]). Kanäle sind hier unidirektional und jeweils genau zwei Prozessen zugeordnet. Es existiert jedoch keine Möglichkeit wie in Parallaxis, durch einfache funktionale Beschreibungen die gesamte Netzwerkstruktur zu spezifizieren. Die physische Aufteilung von Prozeß zu Prozessor kann in Occam durch Einfügen von sogenannten Plazierungsanweisungen erreicht werden. Diese ändern die Semantik des Programmes nicht, sondern dienen ausschließlich der effizienteren Auslastung der parallelen Ressourcen.

Occam wurde speziell für ein Netzwerk aus Transputer-Prozessoren entwickelt, also für ein MIMD-System, während Parallaxis von einer SIMD-Maschinenstruktur ausgeht. Daher liegt Occam in einer "grobkörnigeren" Parallelitätsklasse als das daten-parallele Parallaxis.

Beispiel 14.6: *Berechnung des Skalarproduktes in Occam*

```
PROC Skalarprodukt(CHAN OF REAL Werte, Von, Nach)
    REAL A,B,Prod:
    SEQ
        WHILE TRUE
            PAR
                SEQ
                    Werte ? A
                    Werte ? B
                Von ? Prod
            Prod := Prod + (A*B)
            Nach ! Prod
    :
```

Dieses Beispielprogramm beschreibt die Verarbeitung einer einzelnen Vektor-Komponente innerhalb einer Kette. Die Werte für A und B, sowie das Ergebnis der vorhergehenden Stufe werden eingelesen, verarbeitet und für die nächste Stufe ausgegeben.

14.6 Vector C und PASM Parallel C

Die Programmiersprache Vector C wurde von K.-C. Li entwickelt [Li86]. Es handelt sich um eine kompatible Erweiterung von regulärem C für die Programmierung von SIMD Maschinen. Aus einer Modifikation des Array-Datentypes entstand der hier grundlegende Datentyp "Vektor" für den eine ganze Reihe von neuen Operatoren zur Verfügung gestellt wird.

Das Sprachkonzet erinnert stark an APL, wo ebenfalls explizite Vektoroperatoren benutzt werden. Rechenausdrücke in Vector C können leicht nach Parallaxis übertragen werden, ohne daß eine Vielzahl neuer Operatoren nötig wäre. Die Verwendung von regulären Modula-2 Operatoren in einem Parallel-Block macht Parallaxis verständlicher.

PASM Parallel C von H. Kuehn und H. J. Siegel [Kue85] wurde speziell für den PASM Multicomputer entworfen. PASM läßt sich in mehrere Rechnereinheiten zerteilen, die unabhängig voneinander wahlweise im SIMD oder im MIMD Operationsmodus arbeiten. Demzufolge enthält Parallel C Konstrukte für beide Verarbeitungsarten. Bei der hier interessanten SIMD Verarbeitung werden parallele Daten ähnlich einem Array in C angelegt, wobei auch mehr-dimensionale Strukturen gebildet werden können. Die Auswahl von PEs für parallele Verarbeitung kann durch explizite Selektion mittels *Adreßmasken* erfolgen, oder durch ein `if`-Statement mit paralleler (vektorieller) Testbedingung erreicht werden. Beide Konzepte sind auch in Parallaxis vorhanden, wo sie kombiniert eingesetzt werden können.

14.7 Refined C und Refined Fortran

Diese beiden Programmiersprachen-Dialekte wurden von H. Dietz und D. Klappholz ([Die85] "Refined C" bzw. [Die86] "Refined Fortran") entwickelt und als *"sequentielle Programmiersprachen für die parallele Programmierung"* bezeichnet. Beide Sprachen wurden jedoch nicht im Hinblick auf Datenparallelität konzipiert, sondern für optimierende Compiler, die parallelisierbare Operationen erkennen und extrahieren. Die hierfür angewandte Technik ist die Datenflußanalyse.

Da diese beiden Programmiersprachen eher für die Ausnutzung von impliziter Parallelität geeignet sind, werden sie hier nicht weiter behandelt.

14.8 C*

Die Programmiersprache C* ("C-Star"), [Ros87a] und [Ros87b], ist eine Erweiterung der Sprache C um Parallel-Konstrukte in Verbindung mit objekt-orientierten Konzepten aus C++ [Str86]. Die Hauptprinzipien von C*, welches ebenso wie *Lisp und CmLisp speziell für die Connection Machine konzipiert wurde, sind:

1. Große Anzahl gewöhnlicher (von Neumann) Prozessoren
2. Zentrale synchrone Programmausführung $\Rightarrow$ Beschränkung auf SIMD Rechner
3. Homogener Adreßraum $\Rightarrow$ Jeder Prozessor kann auf jeden lokalen Speicher zugreifen

Die Prozessor-Anordnung wird in C* durch "domains" spezifiziert. Wie in Parallaxis ähnelt diese Syntax der von mehrdimensionalen Arrays. Hier können jedoch unterschiedliche

Arten von Domains angelegt werden, wobei jede Domain eine eigene Speicherplatz-Aufteilung besitzt. Dies kann in Parallaxis nur über die etwas umständliche Verwendung von varianten Records als vektorielle Variablen erreicht werden. In beiden Sprachen wird bei der Variablen-Deklaration zwischen skalaren (`mono` bzw. `scalar`) und vektoriellen Variablen (`poly` bzw. `vector`) unterschieden. Erstere existieren nur einmal auf dem Host-Rechner, während von letzteren auf jedem der parallelen Prozessoren eine Kopie vorhanden ist.

C* besitzt keinerlei Sprachkonstrukte zur Spezifikation einer logischen PE-Verbindungsstruktur und auch keine expliziten Konstrukte zum Datenaustausch. Für den Anwender erscheint jedes PE mit jedem verbunden zu sein, das Nachrichten-Routing erfolgt transparent. Jedes parallele PE kann Zeiger auf Datenbereiche anderer PEs enthalten. Bei einer Zuweisung außerhalb des lokalen Speicherbereiches wird automatisch ein paralleler Datenaustausch aller zur Zeit aktiven Prozessoren einer Domain ausgeführt. Bei der Berechnung der hierzu benötigten Zeigeradresse geht jeweils die implizite Netzwerk-Verbindungsstruktur, die gewünschte Nachbar-Abbildung und der entsprechende Variablenname mit ein. Die Trennung von Netzwerk-Struktur und Datenaustausch in Parallaxis ermöglicht hier eine übersichtlichere Darstellung eines Algorithmus.

Beispiel 14.7: *Datenparallele Berechnungen in C**

```
APL-ähnlich: (Mittelwertbildung)
(+= gehalt) / (+= (poly) 1)
─────────────────────────────────────────────
SQL-ähnlich (Parallele Selektion und Reduktion):
[domain buch].{
    if besitzer -> gehalt <40000.0
    printf("%d bücher\n", +=(poly) 1);
}
```

C*-Programme erinnern durch ihre datenparallele Struktur sowohl an APL, als auch an die relationale Datenbanksprache SQL (siehe Beispiel 14.7). Durch die Vermischung von serieller und paralleler Programmausführung entstehen allerdings leicht Probleme mit der Semantik von C*: die folgenden beiden Ausdrücke sind in C äquivalent, besitzen in C* jedoch verschiedene Bedeutungen.

Beispiel 14.8: *Mehrdeutigkeiten in C**

Hier bezeichnet x einen Skalar und y einen Vektor:

a.) `x += y` $"x := x + \sum_i y_i"$	b.) `x = x + y` $"x := x + y_i"$ **i unbestimmt!**

Im Fall *a* wird der Vektor y durch Aufaddieren der Komponenten zu einem Wert reduziert und dann zum Skalar x hinzugefügt. Im Fall *b* wird jedoch eine Addition zwischen einem Skalar und einem Vektor vorgenommen, was prinzipiell **nicht erlaubt** sein dürfte und (wie in

Parallaxis) eine Fehlermeldung hervorrufen sollte. In C* wird jedoch eine **unbestimmte Komponente** des Vektors y ausgewählt, zum Skalar x addiert und anschließend x zugewiesen. Durch diese Art der Interpretation können sehr leicht Mehrdeutigkeiten und Programmfehler auftreten.

**Beispiel 14.9**: _Berechnung des Skalarproduktes in C*_

```
domain liste {
    float x,y;
} list_proc[Max];

mono float summe = 0.0;
[domain liste].{
    summe += x * y;
}
```

**Beispiel 14.10**: _Berechnung des Skalarproduktes in Parallaxis_

```
CONFIGURATION  liste [Max];
CONNECTION     (* keine *);
SCALAR  summe    : real;
VECTOR  x,y, prod: real;
...
PARALLEL
   prod := x*y
ENDPARALLEL;
summe := reduce.sum (prod)
```

Die hier folgende Tabelle gibt eine Zusammenfassung der Sprachkonstrukte von C* und Parallaxis wieder:

	C*	Parallaxis
Spezifikation der PEs	domain Konstrukt	CONFIGURATION Konstrukt
Spezifikation des Netzwerkes	—	CONNECTION Konstrukt
Unterstützung mehrdimensionaler Topologien	—	mehrdimensionales CONF./ CONN. und Selektion
Schreiben auf parallele Var.	über Pointer	LOAD Prozedur
Lesen von parallelen Var.	über Pointer	STORE Prozedur

Parallel-Anweisung	domain Selektion	PARALLEL Block
Beispiel	`[domain baum] . {`	`PARALLEL [1..15]`
	`        wert = 7`	`      wert := 7`
	`}`	`ENDPARALLEL`
Selbstbezüglichkeit	Parallele Konstante:	Parallele Konstante:
	this	id_no, dim1..dim$n$
Selektion statisch	über Domainnamen	über feste Ausdrücke (Sets)
dynamisch	—	auch dynamisch zur Laufzeit
Replikation von Skalaren	direkt	direkt
Reduktion von Vektoren Funktion	C-Operatoren	"overloading" REDUCE
Datenaustausch	—	PROPAGATE Konstrukt
Beispiel	`*(this + Zeile)->x  = x`	`PROPAGATE.NORD (x)`
	(Zuweisung über Pointer)	

C* ist bei der Frage der Prozessor-Vernetzung recht unübersichtlich. Jedes PE ist logisch mit jedem anderen verbunden, auch wenn der Aufbau einer physischen Verbindung mehrere Schritte benötigt. Bei einem parallelen Datenaustausch, der hier über Pointer in den Adreßbereich anderer PEs erfolgt, muß nun jeweils die entsprechende Nachbar-Funktion berechnet werden, um für jedes PE den jeweiligen Adressaten zu bestimmen. In Parallaxis existiert zur Laufzeit nur eine Netzwerkstruktur mit den zuvor festgelegten Verbindungen. Sie kann **wesentlich effizienter** auf eine reale Netzwerkstruktur übertragen werden als eine dem System nicht bekannte Struktur, bei der die Verbindung von jedem PE zu jedem anderen ermöglicht werden muß, da keiner dieser Fälle bei einem Nachrichtenaustausch ausgeschlossen werden kann! C* besitzt daher (wie auch in der Gegenüberstellung gezeigt) keine Spracherweiterung zum parallelen Datenaustausch. Jeder Prozessor hat quasi einen wahlfreien Zugriff auf alle lokalen Daten aller anderen PEs. Diese Sichtweise widerspricht modernen Programmiermethoden (information hiding, principle of locality, Strukturiertes Programmieren) und wird darüberhinaus mit einem höheren Verwaltungsaufwand zur Laufzeit erkauft.

Im Gegensatz zu Parallaxis werden in C* keine mehrdimensionalen Topologien unterstützt. Welcher "Nachbar"-Prozessor in einem zwei-dimensionalen Gitter durch den Ausdruck "this + 1" angesprochen wird, kann nur gemutmaßt werden. Bei einem Datenaustausch in der dazu orthogonalen Richtung muß die Adreßarithmetik vom Anwendungs-Programmierer selbst vorgenommen werden. Die Netzwerk-Spezifikation von Parallaxis ermöglicht für diese Probleme, die beim Datenaustausch selbst in grundlegenden Strukturen wie Gitter, Baum, usw. auftreten, eine wesentlich einfachere und übersichtlichere Programmierung.

15. Ausblick

In dieser Arbeit wurde ein integriertes Modell der Parallelität zusammen mit Konzepten zur Realisierung in einer Programmiersprache vorgestellt. Kernstück ist die Spezifikation einer parallelen Architektur, wodurch ein paralleler prozeduraler Algorithmus eine direkte Beziehung zu der logischen Vernetzungsstruktur erhält, die ihn abarbeiten soll. Der Kontext aus Algorithmus und Systemarchitektur ermöglicht die effiziente Nutzung von parallelen Ressourcen, ohne die Portabilität eines Programms zu gefährden. Durch eine übersichtliche, strukturierte Syntax wird die besonders fehleranfällige parallele Programmierung unterstützt. Datenstrukturen und Kontrollstrukturen reflektieren das zugrundeliegende parallele Maschinenmodell von Parallaxis. So unterscheiden sowohl Variablen-Deklarationen als auch Anweisungsblöcke zwischen Steuerrechner und parallelen Prozessoren. Mit Hilfe der um Einheiten erweiterten Typentheorie können in sequentiellen wie in parallelen Programmen eine Klasse von semantischen Fehlern automatisch und ohne Laufzeit-Aufwand erkannt werden. So.entstehende Programme zeichnen sich durch eine bessere Dokumentation der verwendeten Datenstrukturen und eine erhöhte Lesbarkeit aus.

Das Parallaxis-System wurde bisher nur auf typischen von-Neumann Rechnern implementiert. Dort können parallele Abläufe nur simuliert werden; die hier erzielten Zeitmessungen sind nur bedingt auf ein real paralleles System übertragbar. Um die Vorteile des Systems vollständig bewerten zu können, sollte Parallaxis auf einem massiv parallelen Rechnersystem eingesetzt werden. Die Connection Machine von Hillis, [Hil85], mit über 65.000 Prozessoren ist eine SIMD-Maschine mit sehr einfachen Knoten-Prozessoren, verbunden in einer Hypercube-Grundstruktur. Dies scheint also eine ideale Zielhardware für Parallaxis zu sein. Aber auch MIMD-Maschinen mit weniger aber dafür komplexeren Prozessoren sind für einen Einsatz geeignet, obwohl die Vielseitigkeit des MIMD-Modells nicht voll ausgenutzt wird. Die Implementierung auf einer parallelen Maschine wird nicht sehr aufwendig sein, da große Teile der bestehenden Ein-Prozessor Implementierung übernommen werden können. Der Simulator besitzt selbst dann noch ein Anwendungsfeld: Vor dem eigentlichen Programmlauf auf der parallelen Hardware mit *teurer Rechenzeit* kann das Parallaxis-Programm an einem einfacheren Problem auf dem *kostengünstigen* Simulator getestet werden. Die Semantik eines Parallaxis-Programmes ist in jedem Fall die gleiche; der Simulator und das parallele System liefern die gleichen Resultate, sie unterscheiden sich jedoch im Laufzeitverhalten, welches vom Parallelisierungsgrad des Problems und der Leistungsfähigkeit beider Maschinen abhängt.

Eine mögliche Erweiterung des Sprachmodells ist die Zulassung mehrerer unterschiedlicher Netzwerkstrukturen für die Lösung eines Problems. Manche komplexe Algorithmen benötigen diese Art der *Aufgabenverteilung*, die derzeit in Parallaxis nur indirekt über variante Records realisiert werden kann. Eine parallele Ansteuerung verschiedener Teilnetzwerke ist bei einer solchen Erweiterung jedoch bei Einsatz eines SIMD-Rechners nicht möglich (es sei denn durch den Einsatz eines "multiple-SIMD", bzw. eines MIMD-Rechners), da alle Befehle sequentiell von einem zentralen Steuerrechner erzeugt werden. Die lokale Speicherplatzaufteilung kann hier für jedes Teilnetzwerk unterschiedlich sein, während sie innerhalb eines Teilnetzes identisch ist (bisher für alle Prozessoren identisch). Diese Erweiterung des Netzwerk-Konzeptes erfordert nur geringfügige Änderungen der bestehenden Parallel-Konstrukte.

Das hier vorgestellte Modell der Parallelverarbeitung kann auch in Sprachen aus anderen Programmier-Paradigmen integriert werden (funktional, logisch oder objekt-orientiert). In jedem Fall ist der Ausgangspunkt die Beschreibung der Netztopologie, welche den Datenaustausch zwischen Prozessoren reglementiert. Um eine bessere Auslastung von MIMD-Rechnern zu erzielen, kann das bestehende Modell um komplexere Konzepte zur Aufgabenverteilung und Synchronisation (Nachrichten oder gemeinsamer Speicher) ergänzt werden. Die oben geschilderte Erweiterung ist hierzu ein erster Schritt, denn Aktionen, welche bisher wegen der Kontrollfluß-Restriktion sequentialisiert werden müssen, können nun durch unabhängige Prozessoren parallel abgearbeitet werden.

A. Syntax der Programmiersprache Parallaxis

```
System            =   SYSTEM sys_ident ";"
                      { ConstantDecl | TypeDecl | DimensionDecl }
                      HardwareDecl SoftwareDecl
                      sys_ident "." .


ConstantDecl      =   CONST { ident "=" ConstExpr ";" } .
TypeDecl          =   TYPE { ident "=" type ";" } .
DimensionDecl     =   [DimDecl] [UnitDecl] .
DimDecl           =   DIMENSION { BaseDim | DependentDim } .
BaseDim           =   ident "[" unit_ident "]" ";" .
DependentDim      =   ident "=" expr [ "[" unit_ident "]" ] ";" .
UnitDecl          =   UNIT { unit_ident "=" ConstExpr unit_ident ";" } .


HardwareDecl      =   CONFIGURATION conf_ident IntRange { "," IntRange } ";"
                      CONNECTION [ TransferFunc { ";" TransferFunc } ] ";" .
IntRange          =   "[" range "]" .
range             =   int_ConstExpr [ ".." int_ConstExpr ] .
TransferFunc      =   out_direction ":" conf_ident
                          "[" source { "," source } "]"    "→"
                      destination { "," destination } .
direction         =   ident [ "(" integer ")" ] .
source            =   ident | integer.
destination       =   [ discriminant ]
                      conf_ident "[" ExprList "]" "." in_direction.
discriminant      =   "{" bool_expr "}".


SoftwareDecl      =   VariableDecl { ProcedureDecl ";" }
                      block .
VariableDecl      =   [ ControlVarDecl ] [ LocalVarDecl ] .
ControlVarDecl    =   SCALAR { ident { "," ident } ":" type ";" } .
LocalVarDecl      =   VECTOR { ident { "," ident } ":" type ";" } .
ProcedureDecl     =   PROCEDURE proc_ident [FormalParams] ";"
                      { ConstantDecl | TypeDecl | DimensionDecl }
                      SoftwareDecl
                      proc_ident .
FormalParams      =   "(" [ parameters { ";" parameters } ] ")"
                      [ ":" ( SCALAR | VECTOR ) function_type ] .
parameters        =   SCALAR [ VAR ] ident { "," ident } ":" type |
                      VECTOR [ VAR ] ident { "," ident } ":" type .


block             =   BEGIN
                          StatementSeq
                      END
```

```
StatementSeq       =    statement { ";" statement } .
statement          =    [ assignment | ProcedureCall |
                          IfSelection | CaseSelection | WhileLoop |
                          RepeatLoop | LoopStatement | ForLoop |
                          WithStatement | EXIT | RETURN [ expr ] |
                          ParallelExec | Propagate | Load | Store ] .


ParallelExec       =    PARALLEL selection
                             StatementSeq
                        ENDPARALLEL .
selection          =    [ "[" entry "]" { "," "[" entry "]" } ] .
entry              =    range { "," range } | expr [ ".." expr ] | "*" .


Propagate          =    PROPAGATE   "." out_dirvar [ "^" ( integer | designator ) ]
                                    [ "." in_dirvar ]
                               "(" vector_designator [ "," vector_designator ] ")" .
dirvar             =    direction | ident "(" var_designator ")" .
Load               =    LOAD selection "(" vector_designator "," scalar_designator
                                            [ "," length_designator ] ")" .
Store              =    STORE selection "(" vector_designator "," scalar_designator
                                            [ "," length_designator ] ")" .
Reduce             =    REDUCE "." operator_ident selection "(" expr ")" .


assignment         =    designator ":=" expr .
designator         =    ident { "[" ExprList "]" | "." ident } .
ProcedureCall      =    proc_ident [ "(" ExprList ")" ] .
FunctionCall       =    proc_ident [ "(" [ ExprList ] ")" ] .
IfSelection        =    IF bool_expr THEN StatementSeq
                             { ELSIF bool_expr THEN StatementSeq }
                             [ ELSE StatementSeq ] END .
CaseSelection      =    CASE expr OF case { "|" case }
                             [ ELSE  StatementSeq ] END.
case               =    CaseLabels { "," CaseLabels } ":" StatementSeq .
CaseLabels         =    ConstExpr [ ".." ConstExpr ] .
WhileLoop          =    WHILE bool_expr DO StatementSeq END .
RepeatLoop         =    REPEAT StatementSeq UNTIL bool_expr .
LoopStatement      =    LOOP StatementSeq END .
ForLoop            =    FOR ident ":=" expr TO expr [ BY ConstExpr ]
                             DO StatementSeq END .
WithStatement      =    WITH designator DO StatementSeq END .


type               =    dim_ident | [ dim_ident ] SimpleType |
                        ArrayType | RecordType | SetType .
SimpleType         =    type_ident | enumeration | subrange .
enumeration        =    "(" const_ident { "," const_ident } ")" .
subrange           =    "[" ConstExpr ".." ConstExpr "]" .
```

ArrayType	=	**ARRAY** SimpleType { "," SimpleType } **OF** type .
RecordType	=	**RECORD** FieldListSeq **END** .
FieldListSeq	=	FieldList { ";" FieldList } .
FieldList	=	[ident { "," ident } ":" type |
		CASE [ident] ":" type_ident **OF** variant { "|" variant }
		[**ELSE** FieldListSeq] **END**] .
variant	=	CaseLabels { "," CaseLabels } ":" FieldListSeq .
SetType	=	**SET OF** SimpleType .

ExprList	=	expr { "," expr } .
expr	=	SimpleExpr { relation SimpleExpr } .
relation	=	"=" | "<>" | "<" | ">" | "<=" | ">=" | **IN** .
SimpleExpr	=	["+" | "-"] term { AddOperator term } .
AddOperator	=	"+" | "-" | **OR** .
term	=	power { MulOperator power} .
MulOperator	=	"*" | "/" | **DIV** | **MOD** | **AND** .
power	=	factor { "^" factor } .
factor	=	FunctionCall | Reduce | string | set |
		number [dimension_term] | designator | structure |
		"(" expr ")" | **NOT** factor .
string	=	" ' " { character } " ' " | ' " ' { character } ' " ' .
set	=	[type_ident] "{" [element { "," element }] "}" .
element	=	ConstExpr [".." ConstExpr] .
structure	=	record_ident "(" ExprList ")" .

CExprList	=	[ConstExpr { "," ConstExpr }] .
ConstExpr	=	SimpleConstExpr { relation SimpleConstExpr } .
SimpleConstExpr	=	["+" | "-"] ConstTerm { AddOperator ConstTerm } .
ConstTerm	=	ConstPower { MulOperator ConstPower } .
ConstPower	=	ConstFactor { "^" ConstFactor } .
ConstFactor	=	const_ident | number [dimension_term] | string | set |
		record_ident "(" CExprList ")" | stdfct_ident "(" CExprList ")" |
		"(" ConstExpr ")" | **NOT** ConstFactor .

number	=	integer | real .
integer	=	digit {digit} .
real	=	digit {digit} "." {digit} ["E" ["+" | "-"] digit {digit}] .
ident	=	letter { letter | digit } .
character	=	letter | digit | "$" | . . (* any character, e.g. ASCII *) .
digit	=	"0" | . . | "9" .
letter	=	"A" | . . | "Z" | "a" | . . | "z" | "_" .

Kommentare:

- werden in `"(*"` und `"*)"` eingeschlossen

Vordefinierte Datentypen:

- `boolean`
- `char`
- `integer`
- `cardinal`
- `real`

Standard-Prozeduren:

Ein-/ Ausgabe-Routinen:

Das "Stream"-Dateikonzept von Modula-2 erlaubt hier ein Umschalten der Ein-/ Ausgabe-Operationen von Tastaur / Bildschirm (Default) auf eine mit Namen bezeichnete Datei. Der String-Parameter enthält dabei den vollständigen Dateinamen; bei leerem String wird der Dateiname vom Terminal eingelesen. Ein String ist ein `array of char`, wobei das letzte Zeichen `chr(0)` sein muß. Bei Schreiboperationen gibt der zweite Parameter die Zahl der mindestens zu verwendenden Zeichen wieder; der dritte Parameter legt bei einem reellen Ausdruck die angezeigte Zahl von Nachkommastellen fest.

- `Write` (char)
- `WriteString` (string)
- `WriteBool` (boolean)
- `WriteInt` (integer, cardinal)
- `WriteCard` (cardinal, cardinal)
- `WriteReal` (real, cardinal)
- `WriteFixPt` (real, cardinal, cardinal)
- `WriteLn`

- `Read` (char)
- `ReadString` (string)
- `ReadBool` (boolean)
- `ReadInt` (integer)
- `ReadCard` (cardinal)
- `ReadReal` (real)

- `OpenOutput` (string)
- `CloseOutput`

- `OpenInput` (string)
- `CloseInput`

- `EOL`   Konstante (char), die das end-of-line Zeichen enthält.
- `termCH`   Nur-Lese-Variable (char), die nach einer Leseoperation das in der Eingabe vorgefundene Trennzeichen enthält.
- `Done`   Nur-Lese-Variable (boolean), die nach jeder I/O-Operation deren Gelingen anzeigt.

Typumwandlung:

- `chr(i)`   cardinal / integer $\to$ char
- `ord(c)`   char $\to$ cardinal / integer
- `trunc(r)`   real $\to$ cardinal / integer
- `float(i)`   cardinal / integer $\to$ real
- integer und cardinal sind äquivalent, sofern die Werte innerhalb der Grenzen liegen

Debug-Routinen:

- `debug ( DesignatorList )`
  Die Werte der als Parameter übergebenen Variablen (Skalare oder Vektoren) werden zu Debugging-Zwecken auf dem Bildschirm angezeigt.
- `trace ( DesignatorList )`
  Wie Debug, jedoch werden die Variablenwerte bei jeder Wertänderung erneut angezeigt.
- `notrace` oder `notrace ( DesignatorList )`
  Ausschalten des Trace-Modus für alle oder nur für bestimmte Variablen.

Umwandlung von Variablen mit Einheiten:

- `value ( expr )`
  Diese Funktion liefert den reinen Zahlenwert einer Variablen mit Einheit
- `measure ( expr )`
  Diese Funktion liefert die resultierende Einheit des expressions (mit Koeffizient 1)

Sonstige:

- `odd(i)`   true, wenn i ungerade ist $odd(i) \Leftrightarrow i \bmod 2 = 1$
- `even(i)`   true, wenn i gerade ist $even(i) \Leftrightarrow i \bmod 2 = 0$
- `abs(i)`   Absoluter Wert einer Zahl $|i|$
- `halt`   Stoppen der Programmausführung

Reduktions-Operatoren:

- `first`   Der Wert der Variablen des ersten aktiven PEs wird selektiert.
- `last`   Der Wert der Variablen des letzten aktiven PEs wird selektiert.
- `sum`   Die Summe der Variablen aus allen aktiven PEs wird berechnet.
- `product` Das Produkt der Variablen aus allen aktiven PEs wird berechnet.
- `max`   Das Maximum der Variablen aus allen aktiven PEs wird berechnet.
- `min`   Das Minimum der Variablen aus allen aktiven PEs wird berechnet.
- `and`   Die logische Und-Verknüpfung der Var. aller aktiven PEs wird berechnet.
- `or`   Die logische Oder-Verknüpfung der Var. aller aktiven PEs wird berechnet.

Konstante:

Typ Cardinal:

`id_no`   *nur innerhalb eines Parallel-Blocks:*
die eindeutige Identifikationsnummer des logischen Prozessors

Typ Integer:

`dim<i>`   *nur innerhalb eines Parallel-Blocks oder eines Selektions-Ausdrucks:*
gemäß CONFIGURATION der Positionswert eines jeden PEs für die i-te
Dimension (in Spezifikations-Reihenfolge).
<u>Beispiel:</u>   Eine Gitterstruktur besitzt dim1 und dim2.
Für den Prozessor "gitter[3,7]" gilt dim1 = 3 und dim2 = 7 .
<u>Anschaulich:</u>   id_no = [dim1, dim2, ..., dim$n$]

B. Syntax der Zwischensprache PARZ

IntermediateProgram	=	**START** integer **PE** integer **PORTS** { ConnectionSpec } ControlVarDecl LocalVarDecl { Statement ";" } **STOP** .

ConnectionSpec	=	integer integer **TO** integer integer .
ControlVarDecl	=	**SCALAR** declaration .
LocalVarDecl	=	**VECTOR** declaration .
declaration	=	{ type integer | integer "(" declaration ")" } .
type	=	**B** | **C** | **I** | **R** .
Statement	=	[label ":"] stat .
label	=	integer .
stat	=	assignment | computation | ifstat | gotostat | movestat | eqstat | read | write | load | store | pushstat | popstat | callstat | proc | **RETURN** | parallel | propagate | errorcall | **HALT** | **END** .

assignment	=	vardesc ":=" ["-" | **NOT**] VarConst | vardesc ":=" **NEW** declaration .
computation	=	vardesc ":=" VarConst ArithOperator VarConst | vardesc ":=" VarConst RelOperator VarConst | vardesc ":=" reduce .
vardesc	=	variable | indirect .
indirect	=	**S** type [integer ":"] "[" Sca_Var "]" | **V** type [integer ":"] "[" variable "]" .
ArithOperator	=	"+" | "-" | "*" | "/" | "^" | **MOD** | **AND** | **OR** .
RelOperator	=	"=" | "<>" | "<" | "<=" | ">" | ">=" .
VarConst	=	vardesc | **ADDR** variable | constant .
variable	=	Sca_Var | Vec_Var .
Sca_Var	=	**S** type integer ":" integer .
Vec_Var	=	**V** type integer ":" integer .
Sca_vardesc	=	Sca_Var | indirect .
Vec_vardesc	=	Vec_Var | indirect .
constant	=	Sca_constant | Vec_constant .
Sca_constant	=	**TRUE** | **FALSE** | **NIL** | string | integer | real | **SIZE** "(" declaration ")" .
Vec_constant	=	**ID** | **SIZE** "(" declaration ")" .

ifstat	=	**IF** VarConst [RelOperator VarConst] **CALL** label |

		IF Sca_VarConst [RelOperator Sca_VarConst] **GOTO** label .
Sca_VarConst	=	Sca_vardesc | Sca_constant .
Vec_VarConst	=	Vec_vardesc | Vec_constant .
gotostat	=	**GOTO** label .
movestat	=	**MOVE** vardesc **TO** vardesc **AS** declaration .
eqstat	=	**EQUAL** vardesc vardesv **AS** declaration .
		(* Verschieben, bzw. Vergleich: von, nach, Speicherplätze *)
pushstat	=	**PUSHS** Sca_VarConst |
		PUSHV VarConst .
popstat	=	**POPS** Sca_vardesc |
		POPV Vec_vardesc .
callstat	=	**CALL** label .
proc	=	**PROC** integer [ControlVarDecl] [LocalVarDecl] .
parallel	=	**PARALLEL** {bin_digit} |
		PARALLEL Sca_vardesc .
bin_digit	=	("0" | "1") .
load	=	**LOAD** Vec_vardesc **WITH** Sca_vardesc [**PE** PE_No] .
store	=	**STORE** Vec_vardesc **TO** Sca_vardesc [**PE** PE_No] .
reduce	=	**REDUCE** (fct_ident | integer) **OF** Vec_VarConst .
fct_ident	=	character { character } .
propagate	=	**PROPAGATE** Vec_vardesc **OUT** port **IN** port .
read	=	**READ** Sca_vardesc [Sca_vardesc] .
		(* Bei char mit 2. Parameter für max. Länge: String einlesen *)
write	=	(**WRITE** | **WRITELN**) Sca_VarConst
		[Sca_VarConst [Sca_VarConst]] .
		(* Mit 1 Par.: boolean / char / integer / real
		Mit 2 Par.: char-string:Arraygröße oder integer/real: min. Länge
		Mit 3 Par.: real: min. Länge und Nachkommastellen *)
errorcall	=	**ERROR** string .
PE_No	=	integer .
port	=	integer | Sca_Var .
integer	=	digit { digit } .
real	=	digit { digit } "." { digit } ["E" ["+" | "-"] digit { digit }] .
string	=	´"´ { character } ´"´ | "´" { character } "´" .
digit	=	"0" | .. | "9" .
character	=	digit | "A" | .. | "Z" | "$" | .. (* any character, e.g. ASCII *) .

Anmerkungen:

Ein Programm wird mit dem Befehl END abgeschlossen, eine Prozedur mit dem Befehl RETURN. Alle globalen und (Prozedur-) lokalen Variablen werden entsprechend ihrer Reihenfolge bei der SCALAR / VECTOR Deklaration für jeden Typ (boolean, char, integer oder real) von 1 ab durchnumeriert. S / V unterscheidet zwischen Variablen auf dem Steuerrechner ("Skalar"), bzw. auf der parallelen Struktur ("Vektor"). Die nach der Typkennzeichnung folgenden beiden Zahlen werden anstelle eines Variablennamens verwendet. Die erste Zahl gibt die absolute Ebenentiefe der statischen Verschachtelung wieder, die zweite Zahl die fortlaufende Variablen-Nummer der angesprochenen Ebene. Steht bei der Zuweisung die Variable auf der linken oder rechten Seite in eckigen Klammern, so wird eine entsprechende *indirekte Adressierung* vorgenommen. Bei der Zuweisung von **Adressen** sind Integer-Werte und Adressen nicht unterscheidbar. Mit dem Operator NEW wird dynamisch Speicherplatz auf dem Programm-Heap reserviert; die Adresse wird der Variablen auf der linken Seite zugewiesen. Soweit möglich findet bei der Zuweisung eine automatische Typ-Konvertierung statt. Der Konstanten-Bezeichner ID steht stellvertretend für die Prozessor-Identifikations-Nummer jedes parallelen PEs. Die Numerierung läuft immer von 1 bis n, wobei n für die Anzahl der verwendeten Prozessoren steht (siehe zum Beispiel die Deklaration: 16 PE).

Die Operationen PUSH und POP sind jeweils doppelt vorhanden, entsprechend dem zweigeteilten Maschinenmodell: Der zentrale Steuerrechner (S) sowie jedes parallele PE (V) besitzt einen eigenen, unabhängigen Datenstack. Bei Variablen kann anstelle des Wertes auch deren Adresse auf dem Stack abgelegt / gelesen werden (zur Realisierung der Parameterübergabemechnismen *call-by-reference* gegenüber *call-by-value*).

Die Konstante einer Prozedur gibt deren absolute Ebenentiefe in der statischen Verkettung wieder. Die PARALLEL Anweisung gibt für jedes zuvor deklarierte PE eine Ziffer (0 oder 1) an, abhängig davon, ob die parallele Einheit im Folgenden aktiv oder passiv sein soll. Bei Verwendung einer skalaren booleschen Variablen handelt es sich um den Anfang eines booleschen Arrays, dessen Größe gleich der Anzahl der PEs ist. Als **Voreinstellung** ist jedes PE aktiviert.

IF-Anweisungen mit vektorieller Bedingung dürfen nur eine Prozedur aufrufen, während IF-Anweisungen mit skalarer Bedingung auch einen Sprung zu einem Label ausführen dürfen. Der Befehl ERROR stellt einen Standard-Errorhandler dar. Als Parameter wird ein String angegeben, der als Fehlermeldung auf dem Bildschirm ausgegeben wird. Anschließend wird das Programm beendet, beziehungsweise in einen Debug-Modus umgeschaltet.

Die Operationen MOVE und EQUAL beziehen sich auf einen ganzen Block von Variablen, der durch zwei Anfangsadressen und eine Deklaration der Speicherstruktur bestimmt ist. Das Ergebnis des EQUAL-Vergleiches wird in den Nur-Lese-Variablen SResult, bzw. VResult (Skalar-, bzw. Vektor-Vergleich) abgelegt.

Typkompatibilität bei der Zuweisung:
(bei allen anderen Operationen ist Typgleichheit verlangt)

1)	integer	$\Rightarrow$	real	(direkt)
2)	real	$\Rightarrow$	integer	(via trunc-Funktion)
3)	boolean	$\Rightarrow$	integer / real	(via ord-Funktion, 0 oder 1)
4)	integer / real	$\Rightarrow$	boolean	(true, falls Zahl ungleich 0)
5)	char	$\Rightarrow$	integer	(via ord-Funktion, 0..255)
6)	integer	$\Rightarrow$	char	(via chr-Funktion)
7)	boolean	$\Rightarrow$	char	(nach ´T´ oder ´F´)

Vordefinierte Variablen und Konstanten:

- `MaxTrans` (maximale Anzahl der zu übertragenden Datenelemente)
  kann vor LOAD oder STORE *beschrieben* werden.
- `ActTrans` (aktuelle Anzahl der übertragenen Datenelemente)
  kann nach LOAD oder STORE *gelesen* werden.
- `SResult`   (Boolesches Ergebnis eines Block-Vergleiches)
  kann nach skalarem EQUAL *gelesen* werden.
- `VResult`   (Boolesches Ergebnis eines Block-Vergleiches)
  kann nach vektoriellem EQUAL *gelesen* werden.

- `Done`   (erfolgreiche Ausführung einer I/O-Operation)
  Boolesche Variable, kann nach Ein-/ Ausgabe-Operation *gelesen* werden
- `termCH`   (Pufferung des Trennzeichens)
  Char Variable, kann nach Eingabe-Operation *gelesen* werden
- `termS`   (String-Ende-Zeichen)
  Char Konstante, gleich `chr(0)`
- `EOL`   (Zeilenende-Zeichen)
  Char Konstante, systemabhängig (`write(EOL)` entspricht in Parallaxis `WriteLn`)

Standard-Prozeduren:

Debugging-Routinen

- `DEBUG` vardesc string `AS` declaration
  Der Wert der Variablen (Skalar oder Vektor) wird zu Debugzwecken
  einschließlich des Strings ausgegeben (z.B. Variablen-Name in Parallaxis).
  Die Datendeklaration gibt an wieviele hintereinander liegende Speicherplätze
  (z. Bsp. Elemente eines Arrays oder Records) angezeigt werden sollen.
- `TRACE` vardesc string `AS` declaration
  Wie DEBUG, jedoch erfolgt eine Ausgabe bei jeder Wertänderung der Variablen.
- `NOTRACE` [vardesc]
  Abschalten des TRACE-Modus für eine bestimmte Variable oder insgesamt.

Dateiverwaltung (Funktionsweise identisch zu Parallaxis)

* `OPENINPUT`   VarConst   (* Typ string / array of char, Endzeichen `termS` *)
* `CLOSEINPUT`
* `OPENOUTPUT`   VarConst   (* Typ string *)
* `CLOSEOUTPUT`

Sonstige

* `ABS` VarConst
  Absolutbetrag
* `STATUS`
  Skalare Standard**funktion**, repräsentiert den aktuellen Aktivierungssatz aller
  Prozessoren als ein booleschen Array (<u>Beispiel:</u> `SB0:10 := STATUS;`).

Reduktions-Operatoren:

Die vordefinierten Reduktions-Operatoren sind in PARZ durch ihren Namen gekennzeichnet. Bei Angabe einer Zahl handelt es sich um eine Prozedur, welche zwei Werte des
entsprechenden Basistyps auf einen Wert desselben Typs reduziert. Die beiden Parameter werden hierbei auf dem Stack erwartet und durch zweimaliges Ausführen der Operation `POPS` vom
Stack genommen. Das berechnete Ergebnis wird mit `PUSHS` wieder auf dem Stack abgelegt.

<u>Beispiel Vektorsumme:</u>

```
10:    SI0:1 := REDUCE 20 OF VI0:1;
...
20:    PROC 1 SCALAR 1 3 VECTOR;
21:      POPS SI1:1
22:      POPS SI1:2
23:      SI1:3 := SI1:1 + SI1:2
24:      PUSHS SI1:3
25:    RETURN
```

Vordefinierte Funktionsnamen

`FIRST`	Der Wert der Variablen des ersten aktiven PEs wird selektiert.
`LAST`	Der Wert der Variablen des letzten aktiven PEs wird selektiert.
`SUM`	Die Summe der Variablen aus allen aktiven PEs wird berechnet.
`PRODUCT`	Das Produkt der Variablen aus allen aktiven PEs wird berechnet.
`MAX`	Das Maximum der Variablen aus allen aktiven PEs wird berechnet.
`MIN`	Das Minimum der Variablen aus allen aktiven PEs wird berechnet.

Die booleschen Reduktions-Operatoren `AND` und `OR` bei booleschen Variablen können
hier direkt auf `MIN`, bzw. `MAX` abgebildet werden, wobei im Simulator eine verkürzte Ausführung (zum Beispiel bei `AND` / `MIN`: Stop nach dem ersten `FALSE`-Wert) angewendet wird. Bei
einer parallelen Hardware ist dies nicht erforderlich, wenn die Reduktion in konstanter Zeit
durchgeführt werden kann.

C. Programme

Ich möchte in diesem Teil des Anhangs mehrere parallele Anwendungsbeispiele zeigen, wobei das erste komplett von der Hochsprachenebene Parallaxis, über die Zwischensprache PARZ bis zur niedrigen Ausführungsebene behandelt wird (siehe hierzu auch das Benutzer- handbuch [Bar90]). Als weitere parallele Anwendungen folgen die Parallaxis-Implementierun- gen typischer Benchmark-Programme aus der Literatur. Dies sind:

- Maximumsbestimmung in einem zwei-dimensionalen Feld,
- Bild-Rotation durch zyklisches Vertauschen,
- Primzahlenerzeugung mit dem Sieb des Eratosthenes und
- Odd-Even Transposition Sorting (lineares "paralleles Bubblesort") .

C.1 Bestimmen des größten Elements einer Matrix

Es handelt sich hier um die einfache Aufgabe der Bestimmung des größten Elements aus n^2 Elementen, wobei auf die standardmäßig vorhandene Reduktionsanweisung von Parallaxis **verzichtet** wird. Diese Aufgabe wird hier zu Demonstrationszwecken nur mit den elementaren PARZ-Anweisungen gelöst. Bei ebenfalls n^2 Prozessoren und abgeschlossener Datenverteilung auf die einzelnen Prozessoren kann diese Aufgabe in Zeit $O(n)$, genauer gesagt in Zeit $2*(n-1)$ gelöst werden.

C.1.1   Lösungsstrategie

Ausgehend von einer 2-dimensionalen Prozessoranordnung werden die Datenwerte zunächst spaltenweise von rechts nach links weitergeleitet und bei jedem Prozessor jeweils das größere von zwei Elementen ausgewählt. Wenn die Informationen aus der äußersten rechten Spalte in der an weitesten links stehenden angekommen sind (in n-1 Schritten), werden die Datenwerte zeilenweise von oben nach unten weitergeleitet. Hier sind nur noch die PEs der ganz linken Spalte von Interesse, da diese die maximalen Elemente aus jeder Spalte enthalten. Nach weiteren n-1 Schritten enthält das PE in der Matrixanordnung unten links (mit der id_no [0,0] in Parallaxis, bzw. id 1 in PARZ) das größte Element von allen gegebenen.

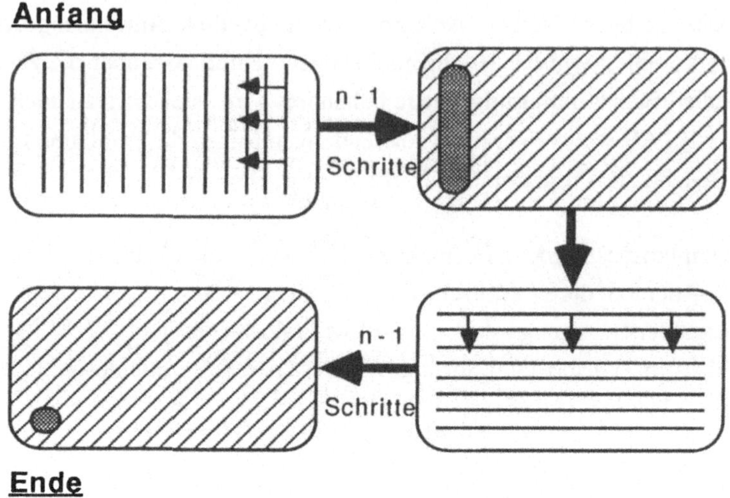

Abbildung C.1: *Sizze des Algorithmus*

C.1.2   Parallaxis Programm

Das folgende Parallaxis-Programm implementiert den zuvor dargestellten Algorithmus. Um die nachfolgenden Schritte auf niedriger Ebene übersichtlich zu machen, wurde das Eingangsdatenfeld auf eine 3 × 3 Matrix beschränkt.

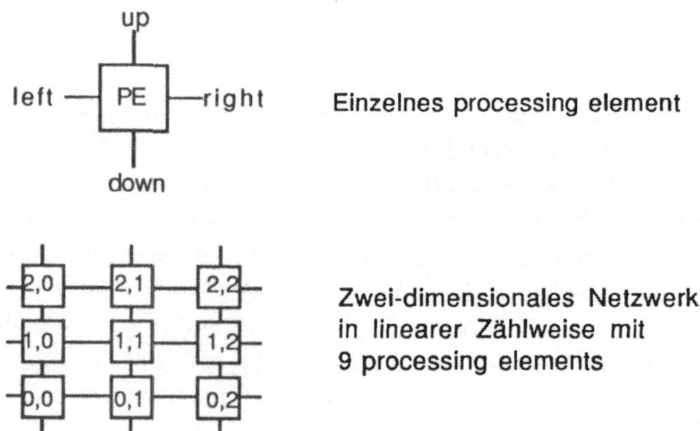

Abbildung C.2: *Processing Elements aus der Hochsprachen-Sichtweise von Parallaxis*

__Programm 1:__ Größtes Matrixelement in Parallaxis

```
SYSTEM FindMax;
(* Parallaxis Beispielprogramm: Suchen des größten Elements   *)
(* eines 2 dim. Arrays, verteilt auf ein 2 dim Gitter von PEs *)


CONST          size = 3;
CONFIGURATION  Feld [size],[size];
CONNECTION     right: Feld[i,j]  ->  Feld[i,j+1].left;
               left : Feld[i,j]  ->  Feld[i,j-1].right;
               up   : Feld[i,j]  ->  Feld[i+1,j].down;
               down : Feld[i,j]  ->  Feld[i-1,j].up;


SCALAR  i     : integer;  (* Variable des Steuerrechners *)
VECTOR  value,
        buffer: integer;  (* Variablen jedes parallelen Prozessors *)


BEGIN
  (* Datenvorbelegung: jeder Prozessor erhält seine id_no als Wert   *)
  PARALLEL (* Anfang eines Parallelverarbeitungs-Blocks auf allen PEs *)
    value := id_no;
  ENDPARALLEL;  (* Ende des Parallelverarbeitungs-Blocks *)


  (* Maximum-Suche von Rechts nach Links *)
  for i:=1 to size-1 do
    PARALLEL
      buffer := value;
      propagate.left(buffer);
      if buffer > value then value := buffer end
    ENDPARALLEL
  end;


  (* Maximum-Suche von Oben nach Unten *)
  for i:=1 to size-1 do
    PARALLEL
      buffer := value;
      propagate.down(buffer);
      if buffer > value then value := buffer end
    ENDPARALLEL
  end;


  (* Die größte Zahl befindet sich nun in PE (0,0) *)
  store [0],[0] (value, i);
  WriteInt(i,5)
END FindMax.
```

C.1.3   PARZ Programm

Das oben beschriebene Parallaxis Programm wird mit einem Compiler in die parallele
Zwischensprache PARZ übersetzt. Von hier aus kann der nur sehr einfach strukturierte Programmtext entweder direkt von einem Simulator interpretiert werden, oder von einem Code-
generator in parallel ausführbaren Maschinencode umgesetzt werden.

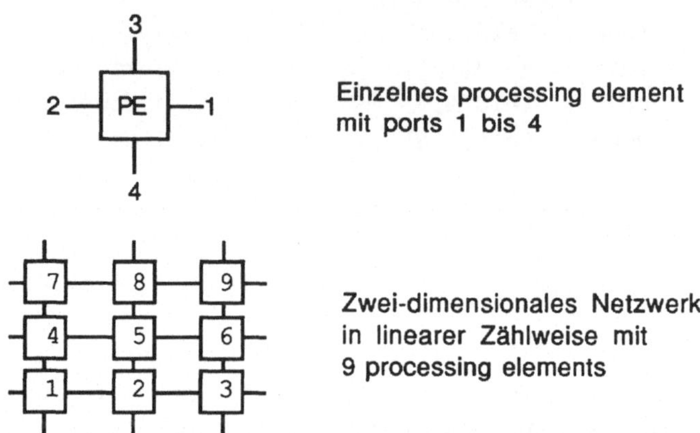

Abbildung C.3: *Processing Elements aus der niederen Sichtweise von PARZ*

Wie in den Abbildung C.2 und C.3 dargestellt, hat die Zwischensprache eine wesent-
lich einfachere Repräsentation des parallelen Systems als auf der Hochsprachen-Ebene von
Parallaxis. Die bi-direktionalen Ein-/ Ausgänge sind durchnumeriert und auch die PEs, die in
Parallaxis in einer zwei-dimensionalen Struktur angeordnet waren, werden hier nur in linearer
Darstellung verwaltet. Aus den vom Compiler errechneten Verbindungs-Angaben sind keinerlei
Topologie-Strukturen mehr zu erkennen.

Die Umsetzung von Programmschleifen nach PARZ wurde mit Hilfe des Befehls
"while-call" realisiert, der nicht in der Sprachbeschreibung erwähnt ist. Es handelt sich um
einen Makrobefehl, der das Erstellen von PARZ-Programmen ohne den Parallaxis-Compiler
erleichtert. Normalerweise wird eine Schleife durch die Befehle: if-parallel, reduce und if-
skalar realisiert!

Programm 2: *Größtes Matrixelement in PARZ*

```
START
9 PE
4 PORTS
 1 1   TO   2 2
 1 3   TO   4 4
 2 1   TO   3 2
 2 2   TO   1 1
 2 3   TO   5 4
 3 2   TO   2 1
 3 3   TO   6 4
 4 1   TO   5 2
 4 3   TO   7 4
 4 4   TO   1 3
 5 1   TO   6 2
 5 2   TO   4 1
 5 3   TO   8 4
 5 4   TO   2 3
 6 2   TO   5 1
 6 3   TO   9 4
 6 4   TO   3 3
 7 1   TO   8 2
 7 4   TO   4 3
 8 1   TO   9 2
 8 2   TO   7 1
 8 4   TO   5 3
 9 2   TO   8 1
 9 4   TO   6 3
SCALAR i 1
VECTOR i 2
 1: vi0:1 := id;                  initialize with PE-id_no
 2: si0:1 := 1;                   loop counter right to left
 3: while si0:1 < 3 call 9;
 4: si0:1 := 1;                   loop counter up to down
 5: while si0:1 < 3 call 15;
 6: store vi0:1 to si0:1 PE 1;    get result from PE No. 1
 7: write si0:1;
 8: halt;

 9: proc 1;
10:   vi0:2 := vi0:1;
11:   propagate vi0:2 out 2 in 1;  propagate values to the left
12:   if vi0:2 > vi0:1 call 21;    select larger value
13:   si0:1 := si0:1 + 1;          increment counter
14: return;

15: proc 1;
16:   vi0:2 := vi0:1;
17:   propagate vi0:2 out 4 in 3;  propagate values downward
18:   if vi0:2 > vi0:1 call 21;    select larger value
19:   si0:1 := si0:1 + 1;          increment counter
20: return;

21: proc 2;
22:   vi0:1 := vi0:2;
23: return;

24: end;
STOP
```

C.1.4   Ausführung

Im Anschluß folgt das Ablaufprotokoll des SIMD-Simultors für das hier ausführlich behandelte Beispiel-Programm. Der Simulator interpretiert das Programm in der Zwischensprache PARZ und gibt dabei, wenn gewünscht, zusätzliche Informationen für Debugging und Testing an. Dieses Protokoll wurde auf einer Sun 3 unter Unix erzeugt. Portierungen des Simulators laufen auch auf Apollo/Domain Rechnern, dem IBM-PC (und Kompatiblen) unter MS-DOS, sowie auf dem Apple Macintosh.

```
Start of SIMD Interpreter
Thomas Braunl, Univ. Stuttgart

System contains 9 processing elements with 4 Ports each.
Connection-Table
PE-No.    1 2@2   0@0   4@4   0@0
PE-No.    2 3@2   1@1   5@4   0@0
PE-No.    3 0@0   2@1   6@4   0@0
PE-No.    4 5@2   0@0   7@4   1@3
PE-No.    5 6@2   4@1   8@4   2@3
PE-No.    6 0@0   5@1   9@4   3@3
PE-No.    7 8@2   0@0   0@0   4@3
PE-No.    8 9@2   7@1   0@0   5@3
PE-No.    9 0@0   8@1   0@0   6@3
variables control 0 0 1 0 parallel 0 0 2 0
......................
intermediate code read
--- Simulator started ---
>> scalar stack initialized to 1
>> parallel stacks initialized to 2
   1:   pc =   1 ASSIGN     parallel 111111111
   2:   pc =   2 ASSIGN     scalar
   3:   pc =   3 WHILE <    scalar
>> scalar stack initialized to 1
>> parallel stacks initialized to 2
   4:   pc =  10 ASSIGN     parallel 111111111
   5:   pc =  11 PROPAGATE parallel 111111111
   6:   pc =  12 IF >       parallel 111111111
>> scalar stack initialized to 1
>> parallel stacks initialized to 2
   7:   pc =  22 ASSIGN     parallel 110110110
   8:   pc =  23 RETURN
   9:   pc =  13 PLUS       scalar
  10:   pc =  14 RETURN
  11:   pc =   3 WHILE <    scalar
>> scalar stack initialized to 1
>> parallel stacks initialized to 2
  12:   pc =  10 ASSIGN     parallel 111111111
  13:   pc =  11 PROPAGATE parallel 111111111
  14:   pc =  12 IF >       parallel 111111111
>> scalar stack initialized to 1
>> parallel stacks initialized to 2
  15:   pc =  22 ASSIGN     parallel 100100100
  16:   pc =  23 RETURN
  17:   pc =  13 PLUS       scalar
  18:   pc =  14 RETURN
```

```
 19:  pc =   3  WHILE <    scalar
 20:  pc =   4  ASSIGN     scalar
 21:  pc =   5  WHILE <    scalar
>> scalar stack initialized to 1
>> parallel stacks initialized to 2
 22:  pc =  16  ASSIGN     parallel 111111111
 23:  pc =  17  PROPAGATE  parallel 111111111
 24:  pc =  18  IF >       parallel 111111111
>> scalar stack initialized to 1
>> parallel stacks initialized to 2
 25:  pc =  22  ASSIGN     parallel 111111000
 26:  pc =  23  RETURN
 27:  pc =  19  PLUS       scalar
 28:  pc =  20  RETURN
 29:  pc =   5  WHILE <    scalar
>> scalar stack initialized to 1
>> parallel stacks initialized to 2
 30:  pc =  16  ASSIGN     parallel 111111111
 31:  pc =  17  PROPAGATE  parallel 111111111
 32:  pc =  18  IF >       parallel 111111111
>> scalar stack initialized to 1
>> parallel stacks initialized to 2
 33:  pc =  22  ASSIGN     parallel 111000000
 34:  pc =  23  RETURN
 35:  pc =  19  PLUS       scalar
 36:  pc =  20  RETURN
 37:  pc =   5  WHILE <    scalar
 38:  pc =   6  STORE
 39:  pc =   7  WRITE

WRITE: 9
 40:  pc =   8  HALT

--- Simulator stopped at line 8 ---
```

Das Ablauf-Protokoll beginnt bei der hier gezeigten Debug-Version mit der Wiedergabe
der PE-Vernetzungstabelle. Die Verbindungen jedes einzelnen PEs können somit überprüft und
wenn nötig im Quellprogramm korrigiert werden. Für globale und lokale, skalare und vektorielle Variablendeklarationen werden die entsprechenden Stackpositionen ausgegeben. Der
Programmtext in Zwischencode wird vor der Simulation komplett vom File eingelesen; je ein
Punkt im Protokoll repräsentiert eine Programmzeile. Es folgen von eins ab durchnumeriert die
Simulationsschritte der interpretierten Befehle. In jedem Schritt werden Programmzähler (pc),
der Zwischencode-Befehl in mnemonischer Darstellung, sowie die Information "skalarer
Befehl" oder "paralleler Befehl" ausgegeben. Bei parallelen Befehlen folgt außerdem noch ein
Bitstring, der für jedes PE angibt, ob dieses zur Zeit aktiv (1) oder passiv (0) ist. Skalare Ein-/
Ausgabe-Befehle sind im Ablauf-Protokoll mit den jeweiligen Datenwerten vermerkt.

C.2 Parallele Bildrotation durch rekursive Verschiebungen

Die Aufgabe besteht in der Drehung eines Rasterbildes um 90° im Uhrzeigersinn. Sie kann parallel gelöst werden, indem das Bild in vier Datenblöcke aufgeteilt wird und die Bilddaten dieser Blöcke zyklisch vertauscht werden. Jeder Block kann nun unabhängig von den drei anderen parallel verarbeitet werden. Diese Vorgehensweise wird iterativ mit immer kleinerer Auflösung durchgeführt, bis die Pixelgrenze erreicht ist.

Dieser Algorithmus ist in [Gol83] (S. 408 ff) als Anwendungsbeispiel für die objektorientierte Sprache Smalltalk beschrieben.

Programm 3: *Bildrotation*

```
SYSTEM  Bildrotation;
CONST   m_size = 1024;
CONFIGURATION  Pic [m_size],[m_size];
CONNECTION      right : Pic [i, j]  -> Pic [i, j+1].left;
                left  : Pic [i, j]  -> Pic [i, j-1].right;
                up    : Pic [i, j]  -> Pic [i+1, j].down;
                down  : Pic [i, j]  -> Pic [i-1, j].up;

VECTOR  color, buffer, b2: integer;
(* für jeden Prozessor wird Speicherplatz reserviert *)

PROCEDURE rotate (SCALAR pic_size: integer);
(* Annahme: pic_size = 2^k *)
SCALAR size2: integer;
VECTOR x,y  : integer;
BEGIN
  WHILE pic_size > 1 DO
    size2 := pic_size div 2;
    PARALLEL
      y := dim1 mod pic_size;
      x := dim2 mod pic_size;
      IF x < size2 THEN propagate.up  ^size2 (color, buffer);
                        IF y >= size2 THEN b2 := buffer END
                   ELSE propagate.down^size2 (color, buffer);
                        IF y <  size2 THEN b2 := buffer END
      END;
      IF y < size2 THEN propagate.left^size2 (color, buffer);
                        IF x <  size2 THEN b2 := buffer END
                   ELSE propagate.right^size2 (color, buffer);
                        IF x >= size2 THEN b2 := buffer END
      END;
      color := b2;   (* Übernahme des neuen Wertes *)
    ENDPARALLEL;
```

```
    pic_size := size2
  END (* while *)
END rotate;


BEGIN
  ...                 (* Bild erzeugen oder laden *)
  rotate(m_size);     (* rotiere gesamtes Bild *)
  ...                 (* Bild ausgeben *)
END Bildrotation.
```

Dieser Algorithmus wird in Abbildung C.4 schrittweise an einem Beispiel illustriert:

Ausgangsbild

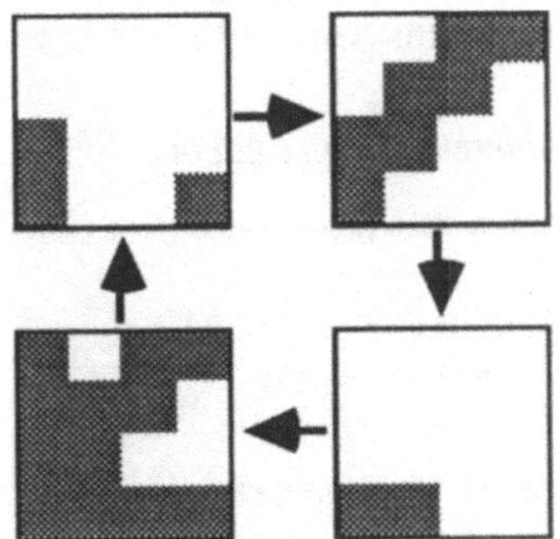

Schema des zyklischen Datentransfers im 1. Schritt

Im Ausgangsbild zeigt der Pfeil nach links unten. Aufgeteilt in vier Quadranten werden die Bildinformationen zyklisch vertauscht. Die rekursive Weiterverarbeitung mit immer kleinerer Seitenlänge findet parallel statt.

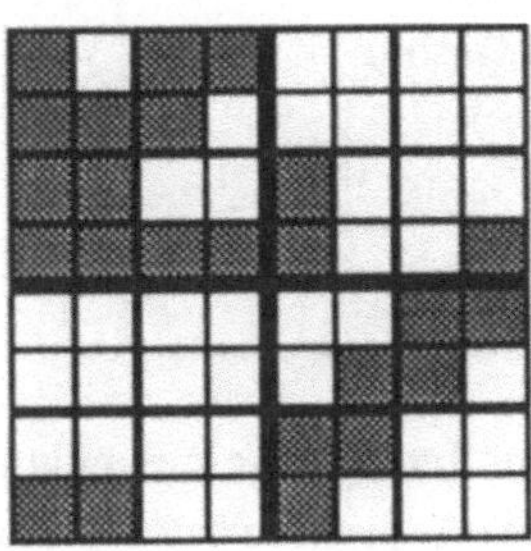

1. Schritt

2. Schritt

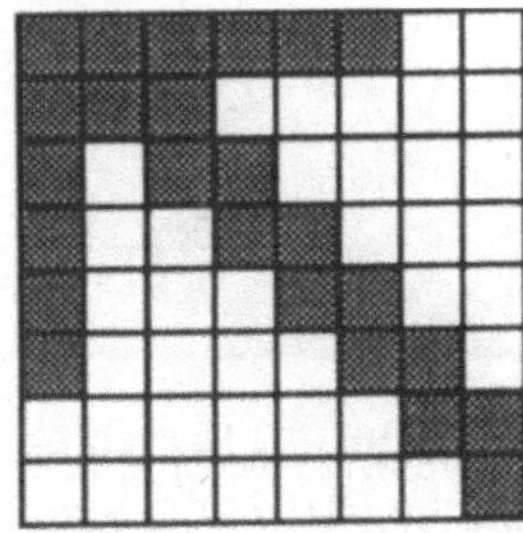

3. Schritt

> Während nach dem ersten Schritt zunächst ein scheinbares Durcheinander entsteht,
> löst sich dies in weiteren Schritten auf. Bei n Pixeln ist die Rotation nach $1/2*\log_2(n)$
> Schritten beendet, der Pfeil zeigt nach links oben

Abbildung C.4: *Durchführung des parallelen Rotations-Algorithmus*

C.3 Parallele Primzahlenerzeugung

Das Sieb von Eratosthenes wurde in [Ros87a] als "klassische Demonstration eines
parallelen Algorithmus" bezeichnet und in C* implementiert. Hier folgt die Variante in Parallaxis zur parallelen Prinzahlenerzeugung. Man beachte, daß für diesen Algorithmus **keine
Verbindungsstrukturen** unter den PEs benötigt werden.

<u>*Programm 4:*</u> *Primzahlenerzeugung mit dem Sieb des Eratosthenes*

```
SYSTEM Sieb;
CONFIGURATION Liste [1..1000];
CONNECTION   (* keine *);


SCALAR  primzahl: integer;
VECTOR  kandidat: boolean;


BEGIN
   PARALLEL
      kandidat := id_no >= 2;
      WHILE kandidat DO
         primzahl := REDUCE.First(id_no);
         WriteInt(primzahl, 5);
         IF id_no MOD primzahl = 0    (* Ausblenden der *)
            THEN kandidat := FALSE    (* Vielfachen      *)
         END
      END
   ENDPARALLEL
END Sieb.
```

Die `while`-Schleife wird so lange ausgeführt, wie noch mindestens ein Kandidaten-PE
verbleibt, das heißt, der Vektor `kandidat` für ein PE den Wert `true` liefert. Alle von der
`while`-Schleife ausgeschlossenen PEs sind blockiert. In der `if`-Auswahl werden alle Viel-
fachen einer Primzahl in einem Schritt, das heißt in **konstanter Zeit**, ausgesondert.

C.4 Linear-Paralleles Sortieren

"Odd-Even Transposition Sorting" (OETS) [Bau78], [Tho77], auch *paralleles Bub-blesort"* genannt, ist ein paralleler Sortieralgorithmus, der n Zahlen mit n Prozessoren in Zeit O(n) verarbeiten kann. Die PEs sind hierbei in einer bi-direktionalen, offenen, linearen Liste miteinander verkettet; die Ein-/ Ausgabe-Routinen wurden der Übersichtlichkeit halber weg-gelassen. In ungeraden Iterationsschritten werden die PE-Paare 1-2, 3-4, usw. parallel vergli-chen, während in den geraden Schritten die PE-Paare 2-3, 4-5, usw. behandelt werden.

Programm 5: Odd-Even Transposition Sorting

```
SYSTEM Sortieren;
CONST  n = 1000;
CONFIGURATION lin_list [1..n];
CONNECTION  left : lin_list[i]   ->  lin_list[i-1].right;
            right: lin_list[i]   ->  lin_list[i+1].left;


SCALAR  k        : integer;
VECTOR  val,r,l : integer;
        swap     : boolean;


BEGIN
... (* Lesen der Eingabedaten *)
  FOR k:=1 TO n DO
    PARALLEL
      PROPAGATE.right(val,l);
      PROPAGATE.left (val,r);
      (* l/r haben nun den Wert des linken/rechten Nachb.*)
      swap := false;

      IF odd(k) THEN  (* vergleiche 1-2, 3-4, ... *)
        IF odd(diml) AND (r < val) THEN
          val  := r;
          swap := true
        END
      ELSE  (* even (k)  vergleiche 2-3, 4-5, ... *)
        IF even(diml) AND (r < val) THEN
          val  := r;
          swap := true
        END;
      END;

      PROPAGATE.right(swap);
      IF swap AND (id_no > 1) THEN val := l END;
    ENDPARALLEL
  END;
... (* Schreiben der Ausgabedaten *)
END Sortieren.
```

Jedes PE enthält eine Komponente des zu sortierenden Vektors `val`, sowie zusätzlich Kopien des jeweils rechten und linken Nachbar-PEs. Der Vektor `swap` dient zur Markierung von Austauschoperationen, die noch auf dem rechten (zur Zeit untätigen) Nachbar-PE beendet werden müssen. Eine Implementierung dieses Sortieralgorithmus ohne Markierungsvektor ("marker propagation") ist möglich; das Programm wird dadurch jedoch komplizierter. Effiziente parallele Sortierverfahren für zwei-dimensionale Gitternetzwerke finden sich in [Sad86].

D. Literatur

[Ada87]   G. Adams, D. Agrawal, H. Siegel: *A Survey and Comparison of Fault-Tolerant Multistage Interconnection Networks,* IEEE Computer, vol. 20, no. 6, Juni 1987, pp. 14 (14)

[Aho87]   A. Aho, R. Sethi, J. Ullman: *Compilers Principles, Techniques, and Tools* Addison-Wesley, Reading MA, 1987

[Agh86]   G. Agha: *An Overview of Actor Languages* ACM SIGPLAN Notices, vol. 21, no. 10, Oct. 1986, pp. 58 (10)

[Arb87]   F. Arbab: *Combining Object-Oriented and Logic Programming in OAR* USC, Computer Science Department, 1987

[ArM87]   M. A. Arbib: *Brains, Machines, and Mathematics* Second Edition, Springer-Verlag, Berlin, Heidelberg, New York, 1987

[Bab88]   R. Babb II: *Programming Parallel Processors* Addison-Wesley, Reading MA, 1988

[Bac78]   J. Backus: *Can programming be liberated from the von Neumann style? A functional style and its algebra of programs,* Communications of the ACM, vol. 21, no. 8, Aug. 1978, pp. 613 (29)

[Bal82]   D. H. Ballard, C. M. Brown: *Computer Vision* Prentice-Hall, Englewood Cliffs NJ, 1982

[Bar90]   I. Barth, T. Bräunl, F. Sembach: *Parallaxis User Manual* Universität Stuttgart, Bericht der Fakultät Informatik Nr. 3/90, März 1990

[Bau78]   G. Baudet, D. Stevenson: *Optimal Sorting Algorithms for Parallel Computers* IEEE Transactions on Computers, vol. C-27, no. 1, Jan. 1978, pp. 84 (4)

[Brä86]   T. Bräunl, R. Hinkel, E. von Puttkamer: *Konzepte der Programmiersprache MODULA-P,* Universität Kaiserslautern, Fachbereich Informatik, Interner Bericht Nr. 158/86, April 1986

[Brä87]   T. Bräunl: *Conventions for the Implementation of OAR* USC, Computer Science Department, 1987

[Brä89a]   T. Bräunl: *Parallaxis: A Flexible Parallel Programming Environment for AI Applications,* Applications of Artificial Intelligence VII, Orlando, Florida, März 1989, pp. 275 (11)

[Brä89b]   T. Bräunl: *A Specification Language for Parallel Architectures and Algorithms* Fifth International Workshop on Software Specification and Design, Pittsburgh, Pennsylvania, Mai 1989, pp. 49 (3)

[Brä89c]   T. Bräunl: *Structured SIMD Programming in Parallaxis*
              Structured Programming, vol. 10, no. 3, Juli 1989, pp. 121 (12)

[Bur88]   A. Burns: *Programming in occam 2*
              Addison-Wesley, Reading MA, 1988

[Cla83]   K. Clark, S. Gregory: *PARLOG: A Parallel Logic Programming Language*
              Research Report DOC 83/5, Dept. of Computing, Imperial College, London,
              März 1983

[Cla84]   K. Clark, S. Gregory: *PARLOG: Parallel Programming in Logic*
              Research Report DOC 84/4, Dept. of Comp., Imperial College, London, 1984

[Clo81]   W. F. Clocksin, C. S. Mellish: *Programming in Prolog*
              Springer-Verlag, Berlin, Heidelberg, New York, 1981

[Cra89]   H. G. Cragon, W. J. Watson: *A retrospective analysis: The TI Advanced
              Scientific Computer,* IEEE Computer, vol. 22, no. 1, Jan. 1989, pp. 55 (10)

[Dar83]   J. Darlington, M. Reeve: *ALICE and the Parallel Evaluation of Logic Programs*
              Dept. of Comp., Imperial College of Science and Techn., London, Juni 1983

[Dav85]   A. L. Davis, S. V. Robison: *The FAIM-1 Symbolic Multiprocessing System*
              Proceedings of COMPCON S '85, 1985, pp. 370 (6)

[DeB80]   J. de Bakker: *Mathematical Theory of Program Correctness*
              Prentice Hall, Englewood Cliffs NJ, 1980

[DeG84]   D. DeGroot: *Restricted AND-Parallelism*
              Proc. of the Int. Conference on FGCS, ICOT, 1984, pp. 471 (8)

[Des85]   A. M. Despain, Y. N. Patt: *Aquarius - A High Performance Computing
              System for Symbolic / Numeric Applications,* Proceedings of COMPCON
              S '85, 1985, pp. 376 (7)

[Die85]   H. Dietz, D. Klappholz: *Refined C: A Sequential Language for Parallel
              Programming,* Proceedings 1985 International Conference on Parallel
              Processing, IEEE Computer Society, Aug. 1985, pp. 442 (8)

[Die86]   H. Dietz, D. Klappholz: *Refined Fortran: Another Sequential Language for
              Parallel Programming,* Proceedings 1986 International Conference on Parallel
              Processing, IEEE Computer Society, Aug. 1986, pp. 184 (8)

[Dij75]   E. W. Dijkstra: *Guarded Commands, Nondeterminism and Formal Derivation
              of Programs,* Communic. of the ACM, vol. 18, no. 8, Aug. 1975, pp. 453 (5)

[Fah83]   S. E. Fahlman, G. E. Hinton: *Massively Parallel Architectures for AI: NETL,
              Thistle, and Boltzmann Machines,* The Proceedings of the Annual National
              Conference on Artificial Intelligence, Aug. 1983, pp. 109 (5)

[Fly66]   M. J. Flynn: *Very high-speed computing systems*
Proceedings IEEE, vol. 54, 1966, pp. 1901 (9)

[Fol82]   J. D. Foley, A. van Dam: *Fundamentals of Interactive Computer Graphics*
Addison-Wesley, Reading MA, 1982

[For87]   J. Fortes, B. W. Wah: *Systolic Arrays - From Concept to Implementation*
IEEE Computer, vol. 20, no. 7, Juli 1987, pp. 12 (6)

[Geh88]   N. Gehani, A. D. McGettrick: *Concurrent Programming*
International Computer Science Series, Addison-Wesley, Reading MA, 1988

[Gol83]   A. Goldberg, D. Robson: *Smalltalk-80 The Language and its Implementation*
Addison-Wesley, Reading MA, 1983

[Gon89]   M. Gonauser, M. Mrva: *Multiprozessor-Systeme Architektur und
Leistungsbewertung*, Springer-Verlag, Berlin, Heidelberg, New York, 1989

[Got84]   A. Goto, H. Tanaka, T. Moto-oka: *Highly Parallel Inference Engine PIE -
Goal Rewriting Model and Machine Architecture,* New Generation Computing,
vol. 2, 1984, pp. 37 (22)

[Han77]   P. B. Hansen: *The Architecture of Concurrent Programs*
Prentice-Hall, Englewood Cliffs NJ, 1977

[Hew77]   C. Hewitt, H. Baker: *Laws for Communicating Parallel Processes*
IFIP Congress Proceedings, 1977

[Hil84]   W. D. Hillis: *The Connection Machine: A Computer Architecture Based on
Cellular Automata,* Physica, 1984, pp. 213 (16)

[Hil85]   W. D. Hillis: *The Connection Machine*
Ph.D. Thesis, MIT Press, Cambridge MA, 1985

[HiP88]   P. N. Hilfinger: *An Ada Package for Dimensional Analysis*
ACM Transactions on Programming Languages and Systems, vol. 10, no. 2,
April 1988, pp. 189 (15)

[Hoa74]   C. A. R. Hoare: *Monitors: An Operating System Structuring Concept*
Communications of the ACM, vol. 17, no. 10, Okt. 1974, pp.549 (9)

[Hoa78]   C. A. R. Hoare: *Communicating Sequential Processes*
Communications of the ACM, vol. 21, no. 8, Aug. 1978, pp. 666 (12)

[Hor76]   S. L. Horowitz, T. Pavlidis: *Picture Segmentation by a Tree Traversal
Algorithm,* Journal of the ACM, vol. 23, 1976, pp. 368 (21)

[Hwa87]   K. Hwang, R. Chowkwanyun: *Dynamic Load Balancing for Distributed
Supercomputing and AI Applications,* Technical Report CRI-87-04, USC
Computer Research Institute, Jan. 1987

[Inm84]   Inmos Limited: *Occam Programming Manual*
             Prentice Hall International, Englewood Cliffs NJ, 1984

[Ive62]   K. E. Iverson: *A Programming Language*
             Wiley, New York, 1962

[Kal88]   M. Kallstrom, S. Thakkar: *Programming Three Parallel Computers*
             IEEE Software, Jan. 1988, pp. 11 (12)

[Kar78]   M. Karr, D. B. Loveman III: *Incorporation of Units into Programming
             Languages,* Communic. of the ACM, vol. 21, no. 5, Mai 1978, pp. 385 (7)

[Kir84]   S. Kirkpatrick, C. D. Gelatt, M. P. Vecchi: *Optimization by Simulated
             Annealing,* Science, no. 220, 1984, pp. 671 (10)

[Kob88]   R. Kober: *Parallelrechner-Architekturen Ansätze für imperative und
             deklarative Sprachen,* Springer-Verlag, Berlin, Heidelberg, New York, 1988

[Kue85]   J. Kuehn, H. J. Siegel: *Extensions to the C Programming Language for
             SIMD/MIMD Parallelism,* Proceedings 1985 International Conference on
             Parallel Processing, IEEE Computer Society, Aug. 1985, pp. 232 (4)

[Kun78]   H. T. Kung, C. E. Leiserson: *"Systolic Arrays (for VLSI)", Sparse Matrix
             Procedures,* Academic Press, Orlando, 1978, pp. 256 (7)

[Li86]   K.-C. Li: *A Note on the Vector C Language*
             ACM Sigplan Notices, vol. 21, no. 1, Jan. 1986, pp. 49 (9)

[McC43]   W. McCulloch, W. Pitts: *A logical calculus of the ideas immanent in nervous
             activity,* Bulletin of Mathematical Biophysics, vol. 5, 1943, pp. 191 (92)

[Muj81]   S. Mujtaba, R. Goldman: *AL Users' Manual*
             Stanford Artificial Intelligence Laboratory, 1981

[Pau81]   R. P. Paul: *Robot Manipulators Mathematics, Programming, and Control*
             Series in Artificial Intelligence, MIT Press, Cambridge MA, 1981

[Pei88]   H.-O. Peitgen, D. Saupe (Editors): *The Science of Fractal Images*
             Springer-Verlag, Berlin, Heidelberg, New York, 1988

[Raa88]   U. Raabe, M. Lobjinski, M. Horn: *Verbindungsstrukturen für Multiprozessoren*
             Informatik-Spektrum, vol. 11, no. 4, Aug. 1988, pp. 195 (12)

[Ray88]   J. Rayfield, H. Silverman: *System and Application Software for the
             Armstrong Multiprocessor,* IEEE Computer, Juni 1988, pp. 38 (15)

[Rin88]   G. A. Ringwood: *Parlog86 and the Dining Logicians*
             Communications of the ACM, vol. 31, no. 1, Jan. 1988, pp. 10 (16)

[Ros87a]   J. R. Rose, G. Steele: *C*: An Extended C Language for Data Parallel
             Programming,* Thinking Machines Co., Technical Report Series PL87-5 und
             Second International Conference on Supercomputing, Mai 1987, pp. (36)

[Ros87b]   J. R. Rose: *C*: A C++ -like Language for Data-Parallel Computation*
             Thinking Machines Co., Technical Report Series PL87-8, 12/87 und
             Proceedings Usenix C++ Workshop, Santa Fe, Nov. 1987, pp. (8)

[Rum86]   D. E. Rumelhart, J. L. McClelland, the PDP Research Group: *Parallel
             Distributed Processing,* MIT Press, Cambridge MA, 2 volumes, 1986

[Sad86]   K. Sado, Y. Igarashi: *Some Parallel Sorts on a Mesh-Connected Processor
             Array and their Time Efficiency,* Journal of Parallel and Distributed
             Programming, 1986, pp. 398 (13)

[Sch88]   H. J. Schneider: *Physikalische Maßeinheiten und das Typkonzept moderner
             Programmiersprachen,* Informatik-Spektrum, vol. 11, no. 5, Okt. 1988,
             pp. 256 (8)

[Scw86]   B. Schwinn, G. Barth: *An AND-Parallel Execution Model for Logic Programs*
             Proc. of the European Symp. on Programming, März 1986, pp. 289 (12)

[Set88]   J. A. Sethian, J. B. Salem, A. F. Ghoniem: *Interactive Scientific Visualization
             and Parallel Display Techniques,* Thinking Machines Co., Technical Report
             Series VZ88-1, Mai 1988

[Sha83a]   E. Shapiro: *A Subset of Concurrent Prolog and Its Interpreter*
             Technical Report TR-003, ICOT, Tokyo, 1983

[Sha87]   E. Shapiro: *Concurrent Prolog Collected Papers edited by Ehud Shapiro*
             MIT Press, Cambridge MA, 2 volumes, 1987

[Shw82]   D. E. Shaw: *The NON-VON Supercomputer*
             Technical Report, Department of Computer Science, Columbia University,
             New York, Aug. 1982

[Sie79a]   H. J. Siegel, R. McMillan, P. Mueller: *A survey of interconnection methods
             for reconfigurable parallel processing systems,* National Computer
             Conference, New York, AFIPS, Juni 1979, pp. 529 (14)

[Sie79b]   H. J. Siegel: *A Model of SIMD Machines and a Comparison of Various
             Interconnection Metworks,* IEEE Transactions on Computers, vol. C-28,
             no. 12, Dez. 1979, pp. 907 (11)

[Sie87]   H. J. Siegel, W. Hsu, M. Jeng: *An Introduction to the Multistage Cube
             Family of Interconnection Networks,* The Journal of Supercomputing, vol. 1,
             1987, pp. 13 (30)

[Ste84]   G. Steele, S. Fahlman, R. Gabriel, D. Moon, D. Weinreb: *Common Lisp:
             The Language,* Digital Press, Burlington MA, 1984

[Ste86]   G. Steele, W. D. Hillis: *Connection Machine Lisp: Fine-Grained Parallel Symbolic Processing,* Thinking Machines Co., Technical Report Series PL86-2 und ACM Symp. on Lisp and Functional Programming, Aug. 1986, pp. (42)

[Sto84]   S. J. Stolfo, D. P. Miranker: *DADO: A Parallel Processor for Expert Systems* Proceedings of the Intern. Conference on Parallel Processing, 1984, pp. 74 (9)

[Str86]   B. Stroustrup: *An Overview of C++* ACM SIGPLAN Notices, vol. 21, no. 10, Okt. 1986, pp. 7 (12)

[Tak83]   I. Takeuchi, H. Okuno, N. Ohsata: *TAO - A Harmonic Mean of Lisp, Prolog and Smalltalk,* ACM SIGPLAN Notices, vol. 18, no. 7, Juli 1983, pp. 65 (10)

[Tak86]   I. Takeuchi, H. Okuno, N. Ohsato: *A List Processing Language TAO with Multiple Programming Paradigms,* New Generation Computing, vol. 4, no. 4, 1986, pp. 401 (44)

[Thi86]   Thinking Machines Corporation: *Introduction to Data Level Parallelism* Thinking Machines Co., Technical Report Series TR86-14, 1986, pp. (60)

[Tho77]   C. Thompson, H. Kung: *Sorting on a Mesh-Connected Parallel Computer* Communications of the ACM, vol. 20, no. 4, April 1977, pp. 263 (9)

[Ued86]   K. Ueda: *Guarded Horn Clauses* Ph.D. Thesis, Department of Engineering, University of Tokyo, 1986

[Wal87]   D. L. Waltz: *Applications of the Connection Machine* IEEE Computer, vol. 20, no. 1, Jan. 1987, pp. 85 (13)

[Wir81]   N. Wirth: *Compilerbau* Studienbücher Informatik, Teubner, Stuttgart, 1981

[Wir83]   N. Wirth: *Programming in Modula-2* Springer-Verlag, Berlin, Heidelberg, New York, 1983

[Zel89a]   A. Zell, T. Bräunl: *An Alternative Prolog Search Strategy* The Second International Conference on Industrial & Engineering Applications of Artificial Intelligence & Expert Systems (IEA/AIE 89), Juni 1989

[Zel89b]   A. Zell, T. Bräunl: *Iterative-Deepening Prolog* The Second Scandinavian Conference on Artificial Intelligence, Juni 1989, pp. 1041 (11)

Informatik — Fachberichte